視野 起於前瞻，成於繼往知來

Find directions with a broader **VIEW**

寶鼎出版

管好自己的小聲音

LITTLE VOICE MASTERY

頂尖銷售大師「富爸爸集團」顧問
Blair Singer
布萊爾・辛格／著
王立天／譯

如何在三十秒內
戰勝自己腦袋裡的戰爭
活出卓越的人生……

目錄

前言 駕馭你心中的小聲音，活出卓越的人生！…… 006
自序 不只舔一口，上天希望你能擁有整支冰淇淋！…… 008
銘謝 為你、我的生命，帶來何等偉大的奇蹟！…… 010
序幕 「管好自己的小聲音」到底是什麼？…… 015

第一部 揭露並精通自己的小聲音

第一章 如何掌控自己的「小聲音」？…… 020
第二章 什麼是「小聲音」，而它到底是誰的？…… 040
第三章 成功駕馭自己的「小聲音」…… 064
第四章 自我價值對上抗拒——克服批判自己夢想的習慣…… 084
第五章 自信：重新喚醒內心的英雄…… 108

第六章　表裡如一：用「率真」贏得一切……122
第七章　有所擔當：遵守對自己的承諾……154
第八章　如何排除小聲音設下的自我限制……176
第九章　人們失敗的四種原因與解方……186

第二部　精通小聲音管理的技巧

第十章　二十一種管理「小聲音」的技巧……202
第十一章　最後一則故事：駕馭「小聲音」的力量……264

〈前言〉

駕馭你心中的小聲音，活出卓越的人生！

向您問安！我的名字叫做布萊爾．辛格。

或許我們曾經在我所寫的兩本「富爸爸」系列叢書，亦即《富爸爸銷售狗》或《富爸爸教你逆勢創業》中結緣；亦或者我們曾在這三十年中，舉行過上千次的公司訓練、公眾培訓課程或公開演講中相識。

就算如此，我仍然會猜想我們未曾謀面。身為一位培訓師、老師、教練和企業老闆，我曾經幫助過上萬人獲得更高收入、成就、績效與成長。我也曾輔導過遍布全球數千家的公司與企業。

就在這麼多互動的過程中，每次輔導成功的案例，其實憑藉的都是相同的祕密武器。這個祕訣就是你即將在本書中學會的，亦即如何駕馭自己內心「小聲音」的方法。你一輩子的夢想，完全靠它來實現——或是完全受它所阻礙。

請繼續看下去。本書共分成兩大部分。第一部分會揭露你的「小聲音」真面目以及教你如何駕馭它，藉此活出卓越的人生。

第二部分則是提供二十一種實用的技巧，讓你可在三十秒內改變自己的觀點，控制自己的情緒，甚至駕馭老是想要主導你的「小聲音」。如果你想直接跳到第二部分直接學習技巧也行。當然，假如按部就班地學習肯定更好。只是無論選擇哪一種方式，你都會立即察覺到自己正面的思緒、行動和改變。

如果本書是我們第一次相處……那麼這真的是我的榮幸。而如果我們彼此曾經見過面，那麼能再一次與您見面真是開心。

現在就讓我們開始吧！

〈自序〉

不只舔一口，上天希望你能擁有整支冰淇淋！

我謹將《管好自己的小聲音》這本書獻給那些體驗過我所舉辦的培訓、課程、電話培訓、電子報、文章和書籍等等，成千上萬個美妙的靈魂。這些人被財星前五十大公司的總裁，或者路邊傳統老店的老闆派來，紛紛擠在大小不一的空間裡受訓。我的朋友、家人、親戚及事業夥伴等，也都好像刻意投胎到人間，專門前來指導或鞭策我，應該成為什麼樣的人物。他們都愛過我、培育過我、責罵過我、挑戰過我甚至和我作對……，但這一切都是不斷地在教導著我。

這本書也要獻給我的兩個兒子——班和柴克理。只要他們懂得如何駕馭自己的

「小聲音」，將來絕對能夠過著自己想要的人生。我從他們那裡學到了太多有關生命的真諦、存在感、能量管理等方面的事物，遠比我自己一生中所學到的還要多。

任何人在人生的某個時刻，都會擁有一個夢想或願景，想像自己可以成為什麼樣的人物。隨著自己的成長，這個願景有時會逐漸被打擊、矮化甚至淡忘。這本書要獻給諸位原本心中的那個夢想和願景，也就是真正的你。他一直在那裡等著你。曾經擁有的夢想或願景，就像是舔了一口甜美的冰淇淋，如同巴克敏斯特・富勒（R. Buckminster Fuller）博士的說法：「上蒼絕不會只允許你舔一口而已，它無非是希望你能得到整支冰淇淋！」

因此，我再次強調：本書是要獻給你的。那個真正的你。

〈銘謝〉為你、我的生命，帶來何等偉大的奇蹟！

當多數人傾向於跳過感謝的內容，直接進入書本的主題時……，其實對我本人，尤其身為作者而言，這才是本書最重要的一部分。它如此重要是因為任何一本書、一件藝術品、一家企業、一段親密關係、一個人的事業甚至一個家庭，都是「集眾人之心血」而成。這句話的意思是說，這一本書正如同上述其他領域一般，都是在我之前的人們偉大的思想、深刻的體驗、精采的教導與啟蒙、無比的犧牲奉獻，以及不斷地學習等所累積而成的結果。

本書所有的內容都不是我自己的原創。事實上，我只要再次聽到有人引用安東尼．羅賓（Anthony Robbins）、拿破崙．希爾（Napoleon Hill）或蘇格拉底所說的話，而且還自稱是他們自己的想法（或者忘了說明引用自何處）……我一定會親手扼住他們的脖子，讓他們再也說不出話來。一位真正的領袖，必定樂於推崇他人的功勞，或者稱頌原本的出處或來源。只有在擁有極高的榮譽心，並且滿懷謙卑的情況下，才可說是自己的原創。

我今日的所有成就，全部都是因著別人直接的教導，或是他人挑戰我去做，並且一路上不斷支持、輔導甚至嘲弄我才做到的。

我始終不斷地在被腦中的戰爭所左右。但是我偏偏又愛死它了！每當我戰勝它的時候，我會更加成長，人際關係也因此獲得改善，健康也改善了，我的收入也會同步激增。我的人生變得更加寬廣。反之，每當我被它打敗時……我就會學到更多。因此，無論結果如何，我都不算是失敗。雖然我們未曾謀面，但是以上的觀念是富勒（Bucky Fuller）博士教我的；我非常認真地研讀他的著作，而他的智慧更是不斷地在我的腦海中迴盪。

亞倫·華特（Alan Walter）無與倫比的輔導、教育和淨心的能力，奠定我保持思路清晰、免受壓力之苦，並且得以更妥善地處理更複雜的生活模式的基礎。珍·強生（Jayne Johnson）不但是我多年的好友，同時也是「淨心」的專家，她傳授我許多卓越的溝通技巧。每當我被自己的「小聲音」整得很慘的時候，都是找她幫忙處理。無論是直接還是間接的，以上兩位大師都在我一系列的叢書中，做出了極大的貢獻。

我的摯友羅伯特・清崎（Robert Kiyosaki）大概也是這個世界上除了我之外，唯一這麼努力不懈地對抗自己「小聲音」的人。他多年來不但是個傑出的朋友和事業夥伴，同時也是不斷鞭策我、挑戰我的對象，驅使我徹底發揮自己的潛力。他教我什麼叫做堅定、百分之百地承擔責任，以及在最艱苦的時刻中，如何找到幽默感和解決困境的能力；他至今還在督促我迎向更大的格局。還有感謝他的夫人金（Kim），一直以來的支持、培育並挑戰我——她不僅是一位絕佳的事業夥伴，同時也從不吝於分享她的光輝、樂觀與歡愉。

感謝凱利・瑞奇（Kelly Ritchie），他不但是我最好的朋友，同時也是我全球化事業的合夥人。這麼多年來，他不斷地教我信任、堅持不懈以及願景的重要性。這些都不是能夠輕易獲得，而是非常珍貴的禮物。

我同時也想感謝曾是世界級長跑健將，瘋瘋癲顛癲的澳洲人金・懷特（Kim White），他能看到一般人無法觀察到的事物，而他能夠淨化實質、心理、靈性、情緒等空間領域的才能，更是早已被世界所認同。

我也要感謝在個人培訓領域中擁有過人天賦智慧的馬修・賽伯（Marshal Thurber），因為有他，我才會開始在自己身上下功夫。他把我教得很好。感謝勞倫斯・韋斯特（Lawrence West）、卡蘿・萊希（Carol Lacey）以及其他選擇匿名，在我這輩子有關「小聲音」的良師們。感謝丹尼・蓋爾（Danny Gayle）、蘭道夫・卡弗

（Randolph Craft）以及位於檀香山的團隊，把我從麻木不仁的世界踢醒，促使我開始踏上自我修練之路。

還要感謝我的夥伴馬可・安東尼奧・瑞吉（Marco Antonio Regil），他不但是「小聲音」的最佳代言人，同時也是一位好友和導師，持續不斷地強迫我提高自己的能力。他將這些訊息傳播到西班牙語系國家的決心與使命，必定能夠改變千萬人的生命。

還有感謝那些全心投入——無比碩大的使命，那些忘我的銷售狗團隊，以及遍布全球各處的企業教練們。感謝改變無數亞洲人生命的陳寶春和周美蘭夫婦，以及讓本書得以問世的蒙娜・甘貝達（Mona Gambetta）與無數的其他人，那些曾經和我同台過，因為收到我的電子郵件而採取行動，被我拿來當範例，把他們所學到的應用在自己生命中，並在財務上、靈性上以及情緒上獲得巨大收穫的人們。

最重要的是，我要感謝對我教誨最深的家人。感謝我的雙親和祖父母，將對學習永無止盡的渴望深植在我的心中。雖然我經常提及我和他們相似（或迥異）之處，但我依然打從心底深處愛著他們，並且因為能在他們的家庭中成長而加倍感恩。感謝艾琳（Eileen），我傑出的太太和生命的伴侶，她教我一旦雙方把婚姻的「逃生門」鎖上，將能帶給生命何等的奇蹟。

在翻到下一頁之前……

請立即造訪

www.blairsinger.com/little-voice-mastery/free-diagnostic/

或

www.blairsinger.com 在 Little Voice Mastery 找到Free Diagnostic

免費為自己的「小聲音」做診斷

看看你的小聲音是如何在幫助自己，

或是如何在惡整自己！

看完這本書之後，你可以再做一次，

親眼見證自己看完這本書之後的成長！

〈序幕〉

「管好自己的小聲音」到底是什麼？

「成功之道並沒有一般人所想的那麼遙遠。」

幾乎每天，我們都能聽到並稱羨一些幸運的人，成功脫離平凡的泥淖，晉升為榮華富貴的一群。似乎在一瞬間，他們下定決心「豁出去了」，面對萬般困難、成功克服挑戰，並獲得最後的勝利。這是如何發生的呢？

有一次，在我主持的領導與銷售的課程中，有位非常害羞的年長婦女上台面對兩百多位學員，掙扎著開口說話，想要克服她這輩子最大的夢魘。到後來，她終於深深吸了一口氣，挺直了腰桿，當眾發表了一個讓所有聽眾落淚的演說。驚人的能量不斷地從她整個體內迸射出來！她這次的突破不但震驚四座，連自己也覺得非常不可思議。她的生命從此再也不一樣了！這又是如何發生的呢？

你此刻是不是在想，這種迅速的蛻變，是否能發生在自己的身上？這種驚人的改變，有沒有可能發生在自己的財務、健康、人際關係等方面，並且持續一輩子？

讓我告訴你答案：**是的！**只要你能學會駕馭內心的「小聲音」便可以。你知道我在講的「小聲音」是什麼嗎？就是剛剛那股在你腦海中說話的聲音：「什麼小聲音？我腦裡才沒有什麼小聲音！」這個聲音就是我說的小聲音！我們每個人內心，都有一個這樣的小聲音。說不定你跟我一樣，內心還不只一個小聲音呢！最重要的問題在於：到底哪一個小聲音，才是「真正」的我在講話？哪一個小聲音才能為我的人生帶來成功？

我們每個人來到這世上，都非常獨特、重要——這當然也包括你在內！承認擁有並妥善管理那些塞滿你腦海的小聲音，就是讓自己在生命各領域獲得成功的關鍵。

身為一位作者、演說家、企業老闆，我親眼目睹成千上萬的人，湧進各式各樣的激勵課程與演講。他們其中有許多人在剛上完課程之後，能夠獲得短暫的激勵與啟發，但是當激情過後，「現實人生」就會再度影響並壓垮他們。總的來說，大家會因為主講人克服萬難、最終獲得成功的故事而受到激勵，但是他們同時也會認為自己必須先成為主講人那樣的「超人」，才有辦法在生命中獲得成功。或者，他們會認為非得親身經歷一些個人財富、身體健康、精神情緒等方面的巨大挑戰之後，才能擁有足夠的動力來獲得成功。

難道你必須先把自己的人生搞砸了，才能獲得最終的勝利？難道你必須身陷於極度惡劣的狀況中，才能從谷底翻身？你已經聽過無數個瞬間改變生命的故事，而且多半都是讓人感覺非得在慘絕人寰的狀況中，痛下決心之後才有辦法浴火重生。萬一你我的人生故事不是這樣的？萬一我們只是一般的平凡老百姓？難道我們非得創造出痛苦，才有辦法從中獲得成功？

或者恰好相反？如果你觀察一位非常聰明、有天賦的人才，如一位偉大的運動員或知名的思想家，或許他（或她）的人生中，曾經遭遇過一些挫折，但是基於本身優秀的天賦，因此得以擺脫困境成為卓越的榜樣。也許你認為自己一輩子都想不出什麼好主意，只會拚命苦撐，也不具備什麼樣的才華與智慧。那麼，我在這裡能斬釘截鐵地告訴你：這完全是錯誤的想法！

本書的前提就是：你的成功之道，並沒有你所想的那麼遙遠。一般人的距離感本來就很差，你和成功之間的距離，其實就只有你的兩個耳朵之間的距離而已。成功絕對不是幾個月之後、未來多年後，甚至幾十年之後的事情。如果你知道如何妥善管理自己的小聲音，就能在自己的腦海中找到成功的途徑，並且引導自己順著正確的方向前進。

這本書的書名是《管好自己的小聲音》，想要精通此道，唯一的方法就是學會駕馭這些小聲音。而你將學會的，就是這整個過程。

這本書經過刻意的安排，讓你能找到自己該走的途徑，並且獲得極致的成功。本書能拍掉你身上的塵土，幫你重新站起來，給你一個大大的擁抱（或者狠狠地鞭策你一下，端看哪種方式比較適合你）。本書幫助你用身體力行的方式，具體展現自己獨特的天賦。

最重要的，這本書要獻給真正的你，那個多年來，一直渴望振翅高飛的心。

第一部

揭露並精通自己的小聲音

- 如何掌控自己的「小聲音」？
- 什麼是「小聲音」，而它到底是誰的？
- 成功駕馭自己的小聲音
- 自我價值對上抗拒—克服批判自己夢想的習慣
- 自信：重新喚起內心的英雄
- 表裡如一：用「率真」贏得一切
- 有所擔當：遵守對自己的承諾
- 如何排除小聲音設下的自我限制
- 人們失敗的四種原因與解方

第一章 如何掌控自己的「小聲音」？

從事個人成長領域的培訓與教育工作近三十年，在這段期間，我將所有的人歸類成兩大類：一是**有意識**的人，二是**無意識**的人。那些屬於無意識的人們，始終持續地蹣跚活著，並且相信世界正在不斷「惡整」他們，他們之所見、所聽或閱讀的內容，若非真相就是別人的陰謀，只是把自己當成別人生命中的棋子罷了。反觀有意識的人，有能力跳脫自己原定的角色，把自己看成是一種創造「因」的工具，而非其他人行為後所產生的「果」。然而事實上，當你能夠跳脫自我並以客觀眼光看待自己時，這就是管理「小聲音」的初步。

這就是要你具備跳脫自己腦袋的能力，好好檢視腦海中所將發生的戰爭。也就是客觀審察並且想著：「真有趣！方才的思緒、感覺、衝動到底是從哪裡冒出來的？」當你有能力將自己從神經質中解放出來時（相信我，我們都有這個問題！），那麼你才有機會重獲自由。多數時間你都太投入了，也由於太過投入，因而無法把它們看清楚。你甚至可能開始相信自己「小聲音」所說的內容都是真的。無論是關於自己的小孩吵鬧不已、還是與金錢、人際關係、個人健康、工作或者老闆有關的種種，諸如此類的想法。也由於你是那麼地「投入」，以致於自己完全受到它的驅策。

當你喊出：「停！這是我的『小聲音』在講話……並非真正的我。」就在此時此刻，你就會成為一個真正有意識的人——你在這當下將確定重獲自由。這時，真正的你會從「陳腐的自己」之中抽離出來，你將改為從一個客觀的觀點看待自己。這是一件非常「酷」（有意思）的事情！

這段話並非是在說你能因此永遠擺脫「小聲音」的負面影響。我甚至認為你永遠不可能徹底擊垮自己的「小聲音」，永久調整好自己的神經語言，或是成為具備某種程度覺悟的智者。

當你能夠跳脫自我並且改以客觀眼光看待自己時，那才是管理「小聲音」的起步。

因此，別太擔心……你無須成為聖人才能獲得成功。同時，成功也並非專屬於那些曾經戲劇化地克服人生苦難的人們所有。成功也不是具有天賦才華的人們獨享的權利（稍後章節我將會證明給你看，**你自己**就是屬於具有天賦才華這群人們當中的一個！）。

回顧自己的人生，我從未經歷過什麼特別悲慘的過程，整體上來說還算是非常平凡與順利的。至於求學過程也還好……並不怎麼傑出。我從來就不是資優生，課業充其量就是還過得去。雖然也參加過各種不同的運動競技，但也算不上是什麼明星運動員，就是表現差強人意罷了。有些項目中或許表現得還蠻具競爭力，但在其餘的各項運動中，我簡直是笨拙到不行。雙親結褵五十多年，已可算是很好的榜樣了。所以我也並非出身殘破的家庭，雖然他們有的時候也會劍拔弩張，但是並沒有什麼異常的事情發生。

反觀我自己曾經離過婚，但在西方國家裡，據估計約有百分之六十的人都擁有相同的經歷。另外我也賠過錢，相信大家也都一樣有過相同的經驗。所以差別在哪裡？我想最大的不同，就是我願意上台面對一萬五千個人承認說：「我**知道**自己把事情搞砸了！」

我矢志要跟所有的人分享，橫阻在我和自己夢想之間的唯一屏障，就正好存在我自己的兩耳之間。

直到有一天，我忽然瞭解到在我過去的人生經歷中，我所賺到和賠掉的大筆金錢，過去所培養出來和破壞殆盡的人際關係，以及生命中所獲得的成功和曾經發生過的狗屁倒灶事件……等等諸如此類的事情，其實都有一個共同點。而你知道這些事情的共同點是什麼嗎？沒錯！就是我自己！我知道你一定在想：「說得一點也沒錯，你這個笨蛋！」但在這當時，我得到這個結論的瞬間，對我而言確實是一個非常大的覺悟。我在理解的層面上當然了解這個道理，但是一直要到我在身體，和情緒上都能接受之後，我才開始擁有控制人生的能力。這時的我才算是徹底明白了這個道理。

每當我與別人進行交流，分享這層體驗時，他們多半會認為這很可笑，甚至笑出聲音來，但事實上，其中還是有不少人了解我究竟在說些什麼。這些人自己也在這方面有著相當的體悟。即便如此，阻止這些人獲得成功的原因，就在於他們無法跳脫事件本身，並且改以同樣客觀的眼光來檢視自己。人們多半會景仰並同情那些願意承認自己的失敗與過失的人，但是這些人卻也同時極為害怕公開承認確實是自己把事情搞砸掉的。附帶一提，當我說「搞砸了」，這即是表示，我是以正面的態度來看待這些事。

藉由承認自己的過失，你就能體認我們都擁有許多問題……嚴重程度雖不能一概而論，但大部分也都不太嚴重就是了。當你能釐清並承認這些不足之處時，你就能自由決定該做什麼，或是成為什麼樣的人物。到這個時候，你就成為意識清醒的人——

你將成為自己的「因」，而不只是「果」而已。你不再是自己思維模式的受害者了（受到自己腦袋的迫害了）。

多年前，當我還是一個業務代表以及甫創業的老闆時，我開始無所不用其極地努力清除自己思想中的許多繁雜課題。我發現，每當我專注於清除自己的問題時，我就可以賺到更多的錢，同時也能成為更成功的人。這招可說是屢試不爽！但是，每當你清除心裡的一些小課題時，卻也經常會發覺到更大的問題。舉例來說，當我開始從事業務工作時，就算你拿槍架在我的頭上，我一樣就連一通陌生的開發客戶電話都不敢打。

在處理這個障礙的過程中，我理解到問題真正的癥結在於自己對丟臉的恐懼感（聽起來有沒有很熟悉的感覺？），而能解決這個挑戰的唯一方式，就是歷經多次的面對，直到自己不再受到它的影響為止。

隨著聽我演講的群眾越來越龐大，我體驗到自己對於在公眾面前丟臉或被羞辱的恐懼更甚以往！但話雖如此，我也知道個人最大的成就與勝利，唯有從大批群眾之中才能獲得，因此，我也強迫自己克服這個障礙。所以，現在的我就能經常面對成千上萬的群眾。

這件事情到此還不算結束。有時，解決一項挑戰所能獲得的獎勵，竟然是一個更大的挑戰！我到底能建立一個規模有多大的企業？我可以成立多棒的家庭？我可以面對並處理多大的難題？我是否有能力感召幾百萬的群眾？當我著手處理伴隨著這些挑戰所衍生的恐懼與擔憂時，所有的事情都會加速發生。

當你扛起更大的挑戰時，往往同時便會引發自己更大的恐懼，並且藉著「小聲音」的方式出現。藉著跳脫自己來處理這些「小聲音」的問題，你就能自在地處理更大的局面，賺取更多的金錢，擁有更佳的人際關係，從中獲得更大的滿足感。

R．巴克敏斯特．富勒（Bucky Fuller）這位偉大的作家、哲學家、建築師和發明家便曾說過：「真正的領導特質是基於『願意公開承認自己的錯誤』之上。」也就是願意說出：「沒錯，是我搞砸了，而且我也是第一個率先承認這件事的人。」這是克服「小聲音」干擾的初級班，也是最大的一步，更是成為別人榜樣的最佳方式。

《小聲音管理系統CD——二十種可以在三十秒之內重新改變心情的技巧》，是我稱之為自己「價值五十萬美元」的CD，是因為這就是我近三十年來投資在個人成長、進修書籍、錄音帶、諮詢顧問、淨化沈澱和處理個人議題上的金額。

我在這邊有個好消息要公布：你不需要跟我一樣花費這麼多金錢與時間。我們將在這本書中明快地處理掉絕大部分的問題，並且是立即加以解決！如果要說我有什麼過人的天賦，那可能就是把自己辛苦所學到的內容，創造出強而有力、長期有效的捷徑，以供別人快速學會同樣的能力。

你準備好了嗎？另外一個「小聲音」管理的最佳範例，就是我的摯友羅伯特．清崎（Rober Kiyosaki）。或許你會知道他，因為他正是那位百萬暢銷書《富爸爸窮爸爸》的作者，我們已是結交逾三十年的老友了。而我們之所以能夠維持這麼長久友誼的重要原因，便是因為我們兩個人都在不遺餘力地處理自己腦袋中的「小聲音」。

《富爸爸窮爸爸》這本書成功的原因之一，也就是每當羅伯特想起他自己的富爸爸和窮爸爸時，他同時也在跟所有讀者心中富有的小聲音和貧窮的小聲音、以及贏家的小聲音和輸家的小聲音在對話。這本書為什麼這麼有說服力而且銷售量這麼好，正是因為這些人都能跟書中內容產生共鳴。他們皆能體會到每個人心中都存在著一個富人和窮人、一個贏家和輸家、一個成功人士和失敗無能的人。

而最成功的人士，就是那些能夠理解這一場在自己內心持續不斷的戰爭，並且竭盡所能地打贏它的那一群人。

追根究柢來說，每個人其實都可以做得到。最重要的是，**你**也一樣可以做得到！你也可以變得很成功。探討成功的核心關鍵，就是擁有能夠說出這些話的能力：「這是**我自己的**「小聲音」在講話。這是**我自己**的問題、**自己的**矛盾、**自己**心中的惡魔。」就是要徹底了解到底什麼事在驅策著自己——無論好壞或是其他原因——能夠觀察到它們什麼時候會冒出來，並且採取正面的行動加以修正，並且利用適當的「小聲音」管理技巧……等，就能讓你獲得想要的成功。

人們說金錢、成功和親密關係不是人生的全部。這句話或許是真的，但諷刺的是阻礙自己的正是追尋金錢、成功、親密關係，甚至健康時所產生的「小聲音」。

這就是當你在衡量自己生命中的進展時，最重要的不是只憑一己感受，而是要根據你在現實生活中究竟能夠創造出何種結果，以及對自己或他人做出什麼樣的貢獻，藉以衡量自己腦海中戰局的現況。

無論好壞，你就是你。我相信每個人都是好人——至少一開始都是如此。每一個嬰兒出生時都擁有一個純潔心靈及高亢的精神。至於接下來會發生什麼則是另外一回事。你所有的經驗造就今天的自己。因此，當你看著鏡中自己的倒影時……什麼事情令你感到滿意，而又是哪些事情會令你想要做出改變？

◆你的財務狀況，是否跟自己想要的結果一樣？
◆你的身材，是不是長得跟自己想要的一樣？
◆你小孩子的表現，是不是跟自己預期的一樣？
◆你交往的朋友，是不是跟自己想要的一樣？
◆你的工作或事業，是不是已經達到想要的境界？
◆你每天所擁有的感覺，是不是自己所喜歡的？

探討成功的核心關鍵，就是擁有能夠說出這些話的能力：「這是我自己的「小聲音」在講話。這是我自己的問題、自己的矛盾、自己心中的惡魔。」

當你自己直視自己的雙眼時，它們正在向你訴說什麼事情？建議你不妨好好看一眼吧！

或許這講得太直接了一點，但是，這樣的對話確實得在一開始就開誠布公地說清楚。或許實際上的狀況遠比你自己想像的好得多。

在任何狀況下，想要獲得或回復自己渴望的權力、力量和智慧時，祕訣就是確實面對自己的問題，並在阻礙發生時直接處理掉。多年來，我看過成千上萬的人們，在解決看過自己的問題之後便能獲得更大的回報。如果我跟你說，處理這些問題不需要花你一輩子的時間，只需短短幾秒鐘便行？

在水深火熱的狀況下願意正視自己的問題，這確實可算是最困難的一件事。有時你必須讓自己「承擔壓力」才能找到真相。在《富爸爸創業ＡＢＣ：如何打造冠軍的事業團隊》（另譯：《富爸爸教你逆勢創業》）這本書中，「身處水深火熱之中」的文章裡，我便曾提到唯有施加壓力才能創造出卓越的成果。這種觀念被稱為「擾動原理」❶。而在此，最關鍵的字眼就是「擾動」！

一般說來，我們都不喜歡那些擾動我們的事物，而有時最大的擾動就是對自己坦

❶ 擾動原理的定義就是「顛覆目前的現狀」。當加注壓力於某個系統時，該系統就能轉變成更複雜、更堅強的個體。木材可以變成煤炭，最終可以變成鑽石就是這個道理。

白，或是坦承自己根本就是個笨蛋。有些人不費吹灰之力就能做到這件難事，也有很多人不願採用這種有傷自尊的方式來解決。但最嚴重的狀況其實就是那些認為自己真的很笨，完全放棄處理這種狀況的人。

有件事請你必須了解：真正的笨蛋不是**你自己**，而是那個一直不斷說服自己是笨蛋的「小聲音」。我向你保證，雖然你經常覺得自己是笨蛋，可是我相信你有時也會在心裡認為自己簡直「行」得不得了。因此，真正的問題在於：到底哪個聲音才是正確的，或者真相到底是什麼？因為在每個人的潛意識是根本無法區分事實和謊話的！

如果你真的是一個笨蛋，那你以前就絕對不可能認為自己很行，也就不可能體驗過那些生命中最傑出的時光，或是有過那些精采的人生體驗。如果你是笨蛋，那你就不可能有機會拿起這本書來閱讀！因此我們可以確信，你絕對不是一個**真正的**笨蛋。但在你的腦海中，的確是可能有個「小聲音」一直在灌輸你這種想法。因此，唯一合理的思維，就是清楚知道自己內心的某個角落，確實存在著一個非常美麗、充滿才華、可以成就許多偉大事業的靈魂。

我認為每個人與生俱來都具有成就偉大事情的能力。大家雖然擁有這種能力，但卻並非每個人都會堅持到底，也不是每個人都能把這個觀點搞清楚。當你每次都把事情搞砸的時候，你就更進一步地接近自己與生俱來的偉大。就如同R·巴克敏斯特·富勒博士所說：「人類是經由不斷犯錯來學習。上天給你隻左腳和一隻右腳，而不是只有一隻『正確的』腳而已。你先是向右邊修正，然後向左邊修正，然後再向右邊，唯有如此你才能不斷地向前邁進。」所以，這不叫做「把事情搞砸了」，而是一種「學習的經驗」。

真正的挑戰在於發掘自己天生應該做的事情，並且開始著手進行……此外，唯有藉著不斷地嘗試與犯錯，你才有機會找到自己的天命。

在實現使命的過程中，每當自己獲得一次學習的經驗時，你將會冒出許多的「小聲音」，大部分會像是：「你不夠好」、「你不夠聰明」或者「你長得不夠漂亮帥氣」等等。有時甚至是質疑自己的小聲音：「我這個決定是對的嗎？這件事情是我應該要做的嗎？我是不是瘋了？我為什麼要做這種事情？」等。

通常，偉大的領袖們都會有「自我反省」的動作——他們習慣不斷地質疑自己。所有和我曾經對談過的成功人士們，在某種程度上，他們其實都認為自己確實有一點瘋瘋癲癲的（你看吧！不是只有你會這麼認為！），他們不斷地跟內在的「小聲音」爭鬥，最後總有一邊會獲得勝利。這就像是〈搶錢大作戰〉（*Boiler Room*）這部電影裡，班．艾弗列克（Ben Affleck）所扮演的吉姆．楊（Jim Young）所說的一段話一樣：

根本不存在所謂「電話推銷失敗」這回事。你所撥的每一通電話都有人會推銷成功。不是你將股票成功地推銷給客戶，要不然就是客戶將不買股票的理由成功地推回給你。無論結果為何，都會有人銷售成功。所以，唯一的問題就是：「到底是誰成交？」是你還是他？

這是一個非常強而有力的訊息，因為他所陳述的絕對真實。尤其當我用這種方式重新詮釋：根本不存在所謂「推銷失敗」這回事。你每次撥電話都有人推銷成功（包括自己講給自己聽的理由也一樣），不是你成功地說服自己立即採取行動，就是將不採取行動的理由推給自己。無論結果為何，都有一邊會銷售成功。所以，唯一的問題就是——自己的哪一面會成交——是心中的贏家，還是輸家？！

因此，我什麼時候會讓輸家贏，而我什麼時候又要讓贏家獲勝？想要成功，非得戰勝這類的鬥爭不可。我不認為成功一定得擁有過人的才華，非得面對巨大的困境挑戰，或是需要發揮天才般的靈感才能做到。

成功的祕訣絕對不是死板板地按照規矩或咬緊牙關……等諸如此類的狀況。或許在過去的歷史中，曾在某個時代裡非得這樣才行。但是我認為現代人的生活已夠複雜了，這種作法根本就是不合時宜。現在你所擁有的選擇性，遠比以往多出許多。你必須改以更快速的行動，更靈活、更懂得變通，甚至更依賴自己的直覺來下判斷。你根本沒有時間去食古不化，因為你必須立即做出改變並且採取行動！

偉大的領袖們都會做「自我反省」這個動作——他們會不斷地質疑自己。

你比以往的人類更加進步。打從你出生開始，你便擁有父母和祖父母所不具備的能力與知識。你現在所做出的一些假設與判斷，若在五十年前可能會被視為離經叛道。但是反觀現代人，這確實遠比過去任何一個時期更加聰明與進化。

舉例來說，當你說到把人類送上月球，這對我的想像來說確實是一項大挑戰。我到現在還清楚記得當時所發生的事情！但是若跟我現年十二歲的兒子，或是一位二十五歲的年輕人講人類登陸月球的事情，他們必定會回答：「然後呢？那又怎樣？」他們的期望與標準已比過去高出許多。

若探討人類存在的意義，或許就要不斷處理更複雜——但絕對不會是更簡單的議題，藉以培養解決更大問題的能力。另外你有沒有留意到，每當解決一個問題之後，下次所要面對的問題將會比原來的還要大？從商、創業也是一樣，每當你解決的問題規模越大，你所能賺到的錢就會越多。

附帶一提，錯綜複雜並不等同於壓力。壓力是一種情緒上的反應，如果你不知道如何處理它，那麼每當面臨錯綜複雜的狀況，錯誤的「小聲音」就會頻頻出現並且影響或控制著你我。

為什麼會發生這樣的事情？

在一般人成長過程中，我們被教導成想要獲得成功，就必須比別人更聰明，或者需要找到所有答案；而能找到答案的人，也往往都比其他人更聰明、更優秀，甚至更強而有力。**錯！**這樣的世界根本不存在。這就是為什麼你會感覺壓力的原因。因為你事先被調教成相信自己非得「把所有的事情全部搞清楚」才能成功。如果做不到這一點，那麼你肯定是一位「技不如人」的笨蛋。

你知道何謂**真正的**智慧？那是擁有感應能力，可以憑直覺知道、深深體會、歸納出規律模式、找出事件、人們和狀況彼此間的關係、連結和關聯的模式，這才是真正的智慧。學校不會教你這種本事，因為你先天就知道應該要怎麼做。但是你自己內心的「小聲音」被調教成，必須不斷尋找正確答案，只要找不到它認為是「正確」的答案時，它就會開始驚慌失措！

發揮真正的智慧，以及跨越潛意識渴望獲得正確答案之間的鴻溝，就是所有人產生壓力的根源。當人處在壓力的狀況下，不斷質疑自己的「小聲音」往往就會占上風。

而以下就是我個人服膺的信念：

你應該面對的是更加錯綜複雜的事件，而非更大的壓力。

只要精通「小聲音」管理就能降低壓力，因此，在面對錯綜複雜的狀況時，你會覺得一切更有趣也更富吸引力。就好比從事一場規模更大的競賽，與更優秀的運動員為伍，同時還擁有更多的戰術可供選擇、運用。就像是越來越精通於某項比賽的技巧時，你會還要想尋求更上層樓的情形一般。

在這種狀態之下，你不會想去把遊戲弄得更簡單。你只想要讓它變得更具挑戰性：要不然就失去了參加競賽的意義。試想一下：那些在PS3或任天堂Gameboy上的遊戲，遊戲的目的就是不斷地讓局面越變越複雜。想要闖過一個關卡，你就需要更加精通某些技巧才行，而在這個過程中，你就會培養出更大的自信來。這時你才不會想要倒退……因為你渴望繼續前進。這是人的本性。你甚至會想要更迅速地過關，因此你會以最快的速度解決那些初級的關卡，這樣才能迅速來到自己真正想要挑戰的部分。只是不知為什麼，在我們面對自己的人生時，人們對於加速面對更錯綜複雜的狀況往往變得躊躇不前。這絕對不是自己腦袋處理狀況能力的問題——全是因著自己的「小聲音」所造成！

在每個人的內心裡，確實存在一位冠軍和一位輸家。其中也有一位天使和一位惡魔。當然也有一位英雄和一個壞蛋。你的內在都包含了種種這些不同的面向。問題是：今天究竟是哪一個角色會勝出？甚至到現在，你可能都還搞不清楚到底是**哪一個**角色正在控制自己？

一旦你能清楚分辨他們……你就可以成功駕馭他們。無論是誰，我相信你應該知道自己內心正存在著一個更優秀、更傑出的人。我自己也是這樣。但是，到底是什麼阻止了這位優秀的人物發光發熱？你要如何藉由現在的你（姑且稱之為甲地），成為自己心中那個充滿力量、熱情、富有和健康的人（乙地）？對我而言，唯一阻撓我的就是自己！而我也知道對你而言也是一樣。這本書會給你許多有用的工具，讓你更加迅速地到達自己心中的乙地！

在《富爸爸銷售狗》這本書裡我們曾經說過：「你不需要成為一隻鬥牛犬才能獲得成功。」每個人都擁有獨特的才華，無論是貴賓狗、巴吉度犬還是黃金獵犬，每個人都擁有不同的成功法門。你自己屬於哪一種狗無關緊要，因為每個人都擁有可以貢獻他人的特殊價值。所以，為何不好好發揮出來呢？又到底是什麼阻礙了我們？

舉例來說，源自你內心的對話一開始可能是這樣：「你為什麼不自己出來創業？這是你一直想要做的事情呀。」

在自己的內心當中，確實存在著一位冠軍和一位輸家，裡面也住著一位天使和一位惡魔，當然也有一位英雄和一個壞蛋。只不過問題是：今天究竟是哪一個角色會勝出？

緊接著，腦海中的嘮叨就會冒出來硬生生打斷，告誡你：「呃，因為與你不夠聰明、你不知道如何成立一家公司、如果你真的那麼做一定會活活餓死、險實在是太大了。」諸如此類的說法。

什麼原因會發生這種事情？或者已經失去評價自己、自己的主意、自己的本事的能力。因為你早就掉進和別人不斷較勁的陷阱中，對於每一個媒體大肆報導的成功故事，對於每一個被報導的偉大成就，你所看到的只有「那個傢伙」的成就……這時，你就會感受到更大的壓力，甚至比原先更加沮喪。

因此，你就不敢開始著手進行心中一直想要建立的兒童中心，或者動手開始寫自己夢想中的那一本書——因為在你心中，自己所能貢獻的價值——認為自己不夠聰明，或是覺得自己的貢獻跟別人比起來不夠好。這時你會跟自己說：

「我還不夠成功。」

「我自己不適合做生意。」

「我不知道要如何動手寫書。」

「我太老了。」

「我做不到。」

「我不知道怎麼辦，更糟的是，我所獲得的資訊不好，不夠即時。」

「就算做了也不一定會有改變。」

「我太累了。」
「誰會想看我寫的書啊？」
「我太年輕了。」
「不會有人喜歡的。」
「誰會理我啊？」

你雖然心懷夢想，可是看起來也有相當大的阻礙。此時，「小聲音」就會開始創造許多陳舊的阻礙，藉以阻撓你達成夢想。芝麻蒜皮的小事不斷發生，開始剝奪你追逐夢想的時間，或是讓其他事情變成必須優先處理的事項。只要你感覺精疲力盡，這時你便會開始拖延逃避……。聽起來是不是覺得很熟悉呢？

這時，整理自己的倉庫，會比坐下來寫自己夢想中的書籍更加重要，因為沒有人會想要閱讀你所寫的內容。

這本書的重點在於如何評估自己的價值。同時也是告訴你如何克服自己腦海中，不斷重覆「你無法面對這樣的挑戰」的「小聲音」。你將會在本書中學會如何重新站起來，並且重新評估自己的價值；一旦開始這麼做，你本身的價值就會與日俱增。

如果你自己沒有團隊，那是因為你不懂得讚賞、認可其他人，也看不出別人的價值。如果你的健康欠佳，那是你不認為自己值得珍惜。如果你手邊的錢一直不夠用，那是因為你失去了判斷真正價值的能力，因而一直在廉價出賣自己。如果你不斷作踐自己，別人也將會不斷糟蹋你。你的任何行為就會像是磁鐵一般，一直不斷吸引著自己所散發出來的感應。

許多人之所以永遠無法實現他們的夢想，那是因為他們不斷輸掉腦海中「小聲音的戰爭」。我所說的是：他們如何看待自己的價值，認為自己是什麼樣的貨色？——是不是具有價值？是否擁有足夠的能力？是否能做出別人會感到興趣的貢獻？怎麼會有人敢買賤價出售的漢堡？為什麼會有人要買每公克五十美元以上的咖啡喝？你能聽得懂我在說什麼嗎？我可以舉出無數的例子，無非是想要你能瞭解，這些完全都由自己內心所認定的價值來決定的。

每個人都能有所付出，也都能有所貢獻，就算是陳腔濫調也一樣；但是你個人擁有不同的觀點。或許你的想法才能打動那些成千上萬、你一輩子也不會見到面、那些想法跟自己類似的人。

這就是為什麼駕馭自己內心「小聲音」是這麼重要的關鍵所在。唯有這樣，你才能實現自己的夢想，並將自己的想法傳遞到世界上，讓其他無數人享用與受惠。如今，你唯一的阻礙，就是成功抵擋自己的「小聲音」。

就讓我們開始動手處理它，好嗎？

第二章
什麼是「小聲音」，而它到底是誰的？

很多人都會問過我這個問題。他們總是問道：「你說的『小聲音』到底是什麼？」而我也總是回答：「就是在你腦中喋喋不休的那個聲音。」

有些人聽完之後會回答我：「我沒有什麼『小聲音』啊。」但事實上你有，而且是我們都有。至於我的「小聲音」，聽起來很像我母親的叮嚀。我不知道你的「小聲音」聽起來像什麼。它的聲音有時可能很尖銳，有時則像在自憐自艾，有時甚至還會罵人……！

不管你的「小聲音」正在說什麼，通常聽起來是非常合乎邏輯而且有道理。而這就是問題的所在。因為聽起來是那麼地符合邏輯，因此你自然就會開始不由自主地聽從它，有時甚至開始相信它。換言之，你的「小聲音」其實就是你並未花太多時間主動詳加思考，是終其一生所有經歷和他人金玉良言的總和。

這是因為你有所謂的「意識」和「潛意識」兩種心思。而我習慣將它稱之為潛意識的原因，正是因為我們腦中存有成千上萬的記憶，可是我們不會刻意地去回想它們；只要正確的「板機」出現，這些記憶就會立即浮現在腦海中。舉例來說，你曾經心碎過嗎？你是否賠過錢？是否曾將錢借給別人，而這些人卻從未把錢還給你？如果以上三個問題你連一個都沒有回答：「有」，那你很有可能是在說謊。不過幸好，我們不會每天都在回想這些不愉快的人生經驗。

「小聲音」在你日常生活中的運作方式大致如下：假設，你、我是一起共事了幾個月的同事，一切工作進行得非常順利，而我們彼此之間的互動關係也非常良好。直到有一天，我跟你說自己手頭有點緊，如果你能先借我一點錢，日後我一定會還你。

就在這時，如果你曾有過不愉快的借錢經驗，這時在你腦海中的「小聲音」就會立即開始尖叫：「是啊！上次有人向我借錢，沒想到他居然跟我賴帳！所以絕對不可以輕易相信別人！你想跟我借錢？門都沒有……！」

這種反應其實正是從潛意識浮現出來的。直到今天，在你的現實生活當中，只要發生了如上所述——我跟你借錢的舉動，這個記憶便會重新召喚出來。我無辜的請求竟然觸發了你以往某次，或者一系列富有激動情緒的經驗。因此在這個時候，「小聲音」就會向你發出警訊。

而在這種狀況下，最令人感到悲哀的地方莫過於此。就算我們這一陣子的關係再友好，哪怕是幾個月或幾年都沒差別，因為這樣子的默契立即就會被摧毀殆盡。突然間，你不再如同過去那般信任我。你忽然覺得我們雙方之間應該保持一定的距離。我們彼此的關係逐漸淡化，而最糟糕的是，事實上真正的原因和我本人毫無關係！

這完全是因為你自己擁有一個陳年的記憶，以及跟這個記憶所帶有的負面情緒有關。你把這些負面的情緒和感覺投射到我身上，進而導致你我之間的關係再也無法回到過去，這是因為你的「小聲音」突然冒出來並且改變了現狀。除非你願意更進一步地處理它，否則這種狀況將一再發生。

這就是毫無保留地完全聽從自己「小聲音」的危險之處——你會開始傾向於相信自己腦海中所說的話，並且認定這絕對是真的。孰不知你的「小聲音」其實可能只是一些過氣的、多年來尚未面對並放下的問題。但是正因它的存在，你反而可能因此錯失一個非常棒的親密關係，或是一個非常難得的商機。同樣的情形也可能發生個人健康或其他的諸項事物上。只要這種情形繼續存在，我們繼續放任這個「小聲音」不管，這時肯定會有許多潛在的可能性因而被損毀，甚至完全抹去……。

簡單地說，你的「小聲音」就是腦海中與自己不斷對話的潛意識。

童年時的我喜歡觀賞米老鼠卡通，而在米老鼠的肩膀上通常會有兩個不同的角色。其中一隻就是小小的紅色惡魔，另外一隻則是象徵純潔的白色小天使。那隻惡魔通常會說：「就是這樣！違反規則不用怕！就要這樣幹。絕對不會有事的！」

同時，天使也會說：「千萬不可以！要遠離這些是非。要做好人。千萬別惹麻煩。行事要正當。」這兩位持續不斷地戰鬥，正是天使和惡魔之間從不間斷的鬥爭。迪士尼卡通使用一個絕佳的視覺方式，讓我們從中了解到自己腦海中「小聲音」所進行的戰爭。

「小聲音」其實沒有對錯、好壞之分。它們只是靜靜地潛伏在那裡，直到它們被觸動、引發為止。

同時，那個會阻礙你成功的「小聲音」，以及另外一個會要求你要事先調查清楚，以免妄下不理智判斷的「小聲音」，這兩種「小聲音」其實是截然不同的。

多年前，當我還住在夏威夷時，我曾有機會投資位於夏威夷大島上，俯視凱阿拉凱庫海灣（Kealaekua Bay）的不動產。那塊地價值一萬美元，約有五英畝見方的土地，並且正好面對著海灣。而一萬美元在當時雖非一筆很大的數目，但對我來說卻是相當吃重的負擔。事實上，就是在六個月之前，我在科羅拉多州投資不動產時便曾受過傷，並且賠光了畢生的積蓄。因此當投資夏威夷這片不動產的機會出現時，我尚未擺脫前次投資失敗的陰影。所以，當我在巡視夏威夷這塊土地時，我腦海中的「小聲音」便開始催眠我：「千萬不要！你這次一定也會賠光光。風險太大。你很清楚接下來會發生什麼樣的事情……」等等，一大堆諸如此類的廢話。因此，我就把這個機會放掉了。

今天那塊土地已經被劃分成若干小區塊。這些一英畝大小的小區塊都已被開發，也經過多次的換手，而每一小塊地的價值甚至都超過一百萬美元。

這是很久以前的事情了，而在這段期間也發生了許多事情。但這就是「小聲音」所能帶給你的影響——它有可能讓你錯失良機。如果當時我能了解自己本身才是問題癥結所在，而非夏威夷的不動產，或許我的決定就會截然不同。沒錯，在投資前我必須更加勤勉。是的，我必須找出更多的問題，並且做更多的事前功課。也就是說，我根本不該平白放棄那次機會！在下決定之前，我應該事先了解自己的恐懼，是否來自以往的不良經驗，還是自己根據現狀，進行理智判斷之後所產生的結論。

我還可以舉出更多範例，而正好看過上述例子的你，想必也可找出許多類似的實例。我曾在親密的關係和事業談判中，看過兩個「小聲音」互相鬥爭的情形。其中一個會說：「做就對了，」而另外一個則說：「千萬別這麼做。」通常來說，這個阻撓你邁向成功的「小聲音」，就是要你什麼都不做的那一個：千萬不要投資，千萬不要冒任何風險，千萬不要離開自己的舒適區域，千萬不要讓自己丟臉或者賠錢等等。

根據我個人的經驗，每當有個聲音在告訴我**不要**把握某個機會時，我往往會在這種狀況下，更加靜心地來與自己對話：「這個「小聲音」是從哪裡冒出來的？是經由情緒而來的嗎？而那個情緒又是從何而來的？我又曾在哪裡體驗過這樣子的情緒？真正的問題究竟在哪裡？」

如果我們能追溯當時產生這種情緒的時刻，你往往也就不會再受到它的控制。這時，我就可以藉著現實狀況，做出一個有意識的決定。如果我能做得到這件事，那就代表我腦海中所聽到的「小聲音」，其實就是真正的自己。事情就是這麼簡單。

每當我造訪個人成長發展的教練，例如珍．強生（Jayne Johnson）、金．懷特（Kim White）、以及亞倫．華特（Alan Walter）時，我就會在這方面勤下功夫。當我一直重複面對同一個「小聲音」所產生的問題時，我就會去拜訪這幾位老師。但在這種狀況下，在我腦海中的確發生了一些變化，阻止我更上一層樓。這些人知道該要如何地向我發問，引導我回到「小聲音」開始產生嘮叨的源頭，這麼一來，我也才有辦法去控制它。

因此，這到底是誰的「小聲音」？其實有可能是我的，也或許是你的。也可能從許多人身上而來的——這包括你的父母親、師長、親友、另一半、甚至是家庭成員……等等，在許多狀況下，這些人可能都是出於一片好意。他們說的一些話往往就像是：「錢不是長在樹上的」，或「如果付不起那就別買吧」。其實也許你就曾經幸運地頻頻問自己：「我要如何才能負擔得起？」

你的「小聲音」接下來也會問自己類似的問題。如果你來自一個上班族家庭，或是從事自由業的家庭，或者非常謹慎恐懼的家庭，或者從來不做任何投資的家庭，那麼你的「小聲音」將會是這些人所能給你的各種建議的綜合版。

對我而言，我非常愛我的家人。但是每當跟他們共處時，我總是很少跟他們談到有關投資、事業甚至政治等話題，因為我個人的觀點和他們可說截然不同。我發現這些話題往往會觸發我和他們內心的各種情緒。而這並非他們的錯。這是因為我在他們羽翼下成長的過程中，自然承襲了他們原本的思維模式，直到我長大後，下定決心要為自己創造一個與他們截然不同的生活所導致。

我很慶幸當自己還很年輕，也就是在高中畢業、決定離家去上大學的時候。我所唸的大學離家約有三小時的路程，因此我決定每日往返通勤上學。接著，當我大學畢業之後，我就決定搬到夏威夷住。在我成長、求學的過程中，印象中認為自己所能去，離俄亥俄州最遠的地方，其實就是這裡了。父母親對於我這個決定，也就是搬到這麼遠的地方都感到非常不高興，因此開始不斷說服我搬回家裡，但是我無論如何就是不願意。

我在夏威夷住了八年。後來搬到了加州，然後再搬到亞利桑那州，再來是太浩湖，直到最後又回到亞利桑那州。我刻意地把自己的過去和現在的我，遠遠地區隔開來。而這是為什麼？是我不愛自己的家人嗎？絕對不是——我非常深愛我的家人。但是由於我成長的環境以及所接受的調教，都是在訓練我成為別人的員工，或是成為一個獨自工作的自由業者。以上這些均不符合我的本性，更不是我想要成為的那種人。

在我成長的過程中，我的「小聲音」總是告訴我，我必須出社會，然後尋求一個安穩、有保障的工作，或是成為一個非常專業的自由業者，然後替自己賺到許多錢。但是在我的內心最深處，我其實一直想要打造一個專屬於我自己的事業。

在一開始的時候，想要達到這個目標讓我吃足苦頭，因為我的「小聲音」被許多不確定因素嚇得半死。我非得學習如何面對風險、處理自己的恐懼、訓練自己的腦袋把很複雜的事情想清楚，然後再把正確因素組合在一起，藉以達到我所想要的結果。畢竟對我來說，商場上的談判和各種投資從來就不是一件難事。真正的挑戰反而是我自己腦海中的戰爭。我發現只要我能將過去被調教出來的思想模式甩得遠遠地，那麼所有事情往往就會變得越簡單。

「小聲音」其實就是你這輩子所有的經歷，以及別人所提供的金玉良言的總和。

千萬不要誤會我的意思。我經常拜訪家人，我們的關係也非常親密。他們都是一些非常棒的人，但是我們完全活在不同的世界裡。我們的使命與目標都不相同——這當中沒有所謂的對或錯，只是單純的不一樣而已。

我曾經聽過別人說：「你本身就是平常那六個你花最多時間相處對象的投影。」這句話如果是真的，當你在回顧自己整個人生時，你將會發現自己許多思想其實都是在反映別人的想法，特別是在相處了一段日子之後，你將會打從心底尊敬他們的那些對象。你將會完全不由自主地受到他們的影響。

因此，這個「小聲音」到底是誰的？其實有一部分是屬於你自己。至於另外一部分就是源自於你的媽媽、爸爸以及師長們……等等，不勝枚舉。總而言之，是你自己如何受到他人影響的結果。

這一切並非壞事。在我成長的過程中，相當幸運地受到許多偉大教練們的提攜，他們教導我忍耐持久、領導力和堅韌不拔的技巧。父親則是教育我何謂誠信和價值觀。母親更是讓我了解什麼是愛？我的祖父教我談判技巧和創業家的精神。但是想要充分發揮自己的潛能，我必須信奉那些能對我產生助力的思緒，並且揚棄那些讓我裹足不前的想法。

我們不斷受到他人和自己生活經驗的影響。在面對這些經驗時該如何反應，則完全由自己決定。舉例來說，假設你正在考慮進行某種投資，身邊所有人都告訴你機會千載難逢，大家都有投資，因此儘管放手去做……等等，或許你也會因此跟著投資。假設你到最後依舊賠了一大筆錢。這時，一個「小聲音」便可能是——對於未來類似的投資保持高度警戒的進行。但是你的命運，完全取決於聽到這種「小聲音」之後所採取的行動。或許你會說：「我再也不投資了，」或者你也許會根據自己影響力的大小說：「根據自己之前所學到的經驗，這次我將會更加徹底瞭解，並把自己現在正在做的事情完全弄清楚。我實在迫不及待地想利用下一次的機會來證明自己！」再次強調，哪個「小聲音」會獲勝，完全由你自己決定。

在任何意外發生的當下，你自己究竟會做出何種反應，這跟自己既有的思考模式和情緒承受度皆有關。如果你的情緒向來比較堅強，這時你便會採取比較主動的方式來處理。你會願意多承擔一點風險，願意再次嘗試，甚至願意重新站起來並且充滿力量。如果你在情緒上受到嚴重的打擊，那麼看樣子，負面的「小聲音」就會獲得最後的勝利。它往往會說一些類似這樣子的話：「**放棄吧**。我早就跟你說過這件事情不能做。」

這個「小聲音」到底是誰的，我真希望能回答說是你自己的，但其實不然。這個「小聲音」是你這一輩子之中，對你有影響力的所有人的，這些人或許是你崇敬的對象，也許有的不是。但終究來說，重點不是要你去弄清楚這個「小聲音」到底是屬於誰的？而是要能夠清楚聽到**真正**屬於自己的「小聲音」——那個充滿熱情、樂觀、擁有無比才華、絕不矯揉造作的自己！

在你內心確實擁有一個真正知道應該如何做的「小聲音」。它很清楚知道怎麼做對你才是最好的，並且藉以幫助你成長。

絕大多數生物都會想要成長。事實上，我認為渴望成長的熱情，至少和渴望保護自己一樣強大。兩者各自擁有恰當的時機。

你自己內心的一部分，例如你的精神，那個最終極的「小聲音」，其實才是真正的自我。這個「小聲音」所說的內容就像是：「這就是你的天賦才華。這才是你應該要從事的事情。無論如何，絕對不容許任何人奪走……。你知道自己一定做得到。繼續堅持不懈。你很棒、很誠實而且很聰明。而這才是真正的自己。因此千萬不要放棄。」我相信每個人都曾聽過這個「小聲音」，就在你內心的最深處，這才是真正的自己！

你所擁有能夠判別這個「小聲音」的能力和洞見，或是你習慣稱為的自我精神或生命本質也行——那就是自己內心命中註定成為非常聰慧、精通並且懂得豐富自己生命，一個能在人生這場遊戲中獲得極大成就的人。

在每個人的生命中，其實都有某些時刻（對有些人來說可能是天天發生），你會覺得自己能在人生的競技場中大獲全勝。你在腦海中甚至會覺得自己就像是個傳奇人物一般，你的「小聲音」更會不斷鼓勵你：「這才是打銷售電話的方式！」或是：「好，這個案子我接了。」或許這樁買賣只有一千美元的價值，但是你往往會在成交後滿腦子想著：「真是太棒了！你看吧，我對你說過我們一定會變成有錢人！」你的「小聲音」因而變得興奮無比、非常激動。過去的經驗也會在這時告訴我，這才是自己真正的「小聲音」。這個「小聲音」才是真正的自己——也就是你自己的精神。因為**你的確是可以**這麼看得起自己的。

我們每個人都可以這麼投入，並且擁有在人生競技場中大獲全勝的能力。但是並非每個人都願意這麼相信。你的「小聲音」終將會決定最後的結果。只要你自己允許，那麼別人的建議、擔憂、嫉妒、排斥甚至是神經質等等因素，就會不斷阻礙你邁向成功。

在我曾經見過的所有人當中，從未有過一個人，是從不發自內心深信在自己生命的某一個時期，在某種程度上而言，他們必定能接受更大的挑戰、成交更大的案子、擁有更大的影響力、成為更好的父母、擁有更好的健康、賺到更多的錢或者影響更多人的生命等。我知道在我自己所舉辦的課程當中，無論是銷售訓練、團隊培訓或者是個人成長課程，唯一的目標就是要人們能夠欣然接受自己。一般說來，當人們充滿自信並且樂觀的時候，他們這時通常就會聽從自己內心的聲音，那個與生俱來、持續不斷地鞭策他們邁向成功的聲音。

R．巴克敏斯特．富勒博士曾說過：「所有人在出生時，其實都是某方面的天才」，我個人便非常相信這句話。但是在你成長的過程中，你會開始聽從親戚、同儕或自稱是專家的那群人的話，還有媒體不斷灌輸你的看法等等。當你聆聽這些訊息時，你就會開始接受並且對他們的思想產生回應。或許他們的聲音是想要保護你，但是在此我想要強調一點，那便是：這些聲音**根本不屬於你**。

R・巴克敏斯特・富勒博士曾經跟我們分享他自己人生中的一些低潮——么女的早逝，因為事業失敗而遭受公眾批評、謾罵等等。這些事情讓他的狀況不斷惡化，結果便是他的「小聲音」將他引到密西根湖邊，並在那裡決定不斷地朝湖心游去，讓粼粼的波濤吞噬自己的生命。但是突然間，腦海中的另一個「小聲音」開始說話了，而以下就是那個「小聲音」所說的內容：

「你沒有權利消滅你自己。
你並非全然屬於自己，你是屬於這整個宇宙的。
你可能一輩子都無法理解（或是搞清楚）自己（真正）的重要性，
但是只要下定決心，要為他人的成就完全奉獻自己，
那麼你可以確信，你將會活出自己生命的意義。」

他因此了解到自己來到地球上，其實有著更重要的任務必須完成。一個要服務眾人的任務。因此，他就開始創造發明、設計建築並且建立一種能幫助全人類的思維哲理。《時代雜誌》便曾將他譽為「當代最溫柔的巨人」。這些在密西根湖邊命運之日所冒出來的「小聲音」，**他自己的**「小聲音」所發出來言語，不但啟發了他本人，同

時還觸動了成千上萬的人心。換言之，真正的「小聲音」獲得了最終的勝利！

富勒博士的故事和訊息，多年來一直不斷引發我的共鳴。我相信每個人內心深處都擁有足夠的知識和了解，能夠理解自己究竟有多偉大。你不僅屬於整個宇宙，而你之所以被派來這個地方，的確有著許多特定的目的和理由。或許現在的你還弄不清楚這個理由究竟是什麼？但是只要你願意多留意一些，我相信你一定會越來越清楚。

這並非表示你必須做出改變人類歷史發展軌跡的大事業。但是，或許你發明出一些新事物，或許你會一心把小孩教養好，結果他們長大成人後變成偉大的領袖。或許你能感動許多人，對他們的人生造成永久的改變。或許你將示範給別人看，如何達成個人的財務自由、如何獲得精神上的滿足、或者如何擁有充滿活力健康的身體等等。重點是，這是我們欠自己的，也可以說是我們欠全世界的。我們應當從腦海中二千五百多個聲音中，釐清自己真正的「小聲音」，並且從事自己應該要去做的事情，唯有如此，我們才能達到自己終極的目標。

你、我存在的目的，就是要找出那個真正屬於自己的「小聲音」。

以富勒博士的狀況來說，他理解到那些腦海中的負面思想並非真正的自己。事實上，那些聲音是屬於他的祖父母和叔伯們，這些人多年來一直在告訴富勒博士應該要做什麼，如何為自己的生命下指導棋。雖然他們的立意良善，但是這些「小聲音」總是不斷地在富勒博士的生活中製造困擾，因為這些金玉良言並不符合他自己的生活方式。這種狀況聽起來有沒有很熟悉的感覺？

當年，當他站在湖邊時，他便跟自己說：「我是應該要開始好好想一想了。」然後請大家猜猜看，他緊接著做了什麼事？因為結果居然讓他發誓噤言兩年！沒錯——就是整整兩年不跟任何人說話，也不允許任何人跟他講話。他刻意這麼做的原因無非是想要釐清自己的思緒，好好思考自己未來應該要想的事情。

對我而言，這是一個非常強而有力的訊息，迫使我自己好好地捫心自問：「這到底是誰的『小聲音』？哪一個才是我自己的心聲，而哪些又只是我的思緒而已？」

此時此刻，當你在閱讀本書時，腦海中產生了哪些思緒？請大家好好反問自己，這些思緒是否真正屬於你自己。如果不是，那麼到底又是屬於誰的？或許你沒有辦法立即回答這個問題，但是只要持續這樣問，我相信你一定能夠找到屬於自己的力量。如果你不斷發問，你就能重新掌握自己的靈魂。**你一定得問清楚才行**。畢竟我們每天被太多信息轟炸，也接受了太多其他人的建議。我們正在被一大堆別人的看法、各種地方、許多事物、政客們和銷售廣告等訊息大舉入侵中。因此，想要好好地為自己想一想，自然會成為一件非常艱難的事情。

千萬別誤會我的意思——我並非是在說你不能去尋求其他意見。但是要記得，務必珍惜那些能夠確實支持真正的自己，以及打從心底相信的那些建議，那些能夠讓你成就自己天命的建言。聽從那些不斷鞭策你邁向成功的建議——那些能夠擴大自身格局，並且接受更大挑戰的建議，聽從那些不斷鼓勵你朝向自己心中理想道路邁進的建議。唯有如此，你才能開始聽到腦海中真正屬於自己的「小聲音」。

每隔一段時間，我總是會好好審視一下自己的人生，並且重新釐清自己的思維，而這就是為什麼我持續不斷地致力於個人成長之上的原因。如果我遇到瓶頸而且沒有辦法採取行動，那或許是因為我腦海中的思想並非屬於我的。這種想法也許是基於一些過去具有情緒連結的經驗所造成的，與現況一點都不相干。

多年以前，我曾經歷過一次痛苦、感傷的離婚。等到過了一陣子，我又認識了另一個人並且訂婚，可惜到頭來，我依舊再次嘗到了心碎的感受。我的男女關係就如同一齣歹戲拖棚的電視連續劇。因此，非常合乎邏輯的是，我的「小聲音」產生了如下的結論：「你絕對不能相信女人！」（這種想法很經典吧！）只是幸運的是，我擁有許多好友和導師們，他們協助我集中注意力，並在真正需要加以處理的領域中，狠狠下了一番苦功。

事實上，當我徹底檢視自己心碎的歷程時，我理解到這一切都得回溯到我十七歲的那一年。「不值得相信」並非我最近才產生的想法。因為這種想法早已行之有年，並且不斷地在日後影響著和我交往的所有對象。

因此，當我和新的對象交往時，想當然爾，我必定會再次體驗到同樣缺乏信任基礎的感覺。理所當然的，每次交往的結果就會成為一種自我實現的預言，最後註定就是以分手收場。之後，當我再次和別人交往時，也總是面臨相同的結局。每次發生這種事情時，這個「小聲音」就會越來越堅定，因為在我的生命中，我總是能夠擁有壓倒性的證據來支持這種論調。真正的問題在於……是我自己把這種事情不斷引進自己的生命中，因為我相信自己腦海中的「小聲音」**說的是真話！**

這個「小聲音」的確是我自己的……是基於我自己以往的人生經驗。但很不幸的是，它來自於一件非常愚蠢又非常情緒化的某件事。當人們情緒高漲時，智慧往往就會隨之降低。如果你無法相信別人，那麼你又怎麼能奢求擁有任何像樣的親密關係呢？讓我們坦然面對這個事實，「完全不能相信另外一種性別」這種想法簡直荒謬絕倫。但是當你按照一個十七歲毛頭小伙子天真的想法來行事時，你的人生就會不斷重複發生類似的事情。

有多少個類似的「小聲音」曾在你的腦海中響起，並且不斷影響你的親密關係、財務狀況甚至人生？你只要記得在這個時候捫心自問，這些聲音到底是從哪裡發出來的！一旦你開始這麼做，這些「小聲音」**終會**消失殆盡。就算在將來極少數的情況下，它會再度冒出醜陋的臉孔時，你依舊可以簡單地回應它：「謝謝您的分享！」然後繼續做自己該做的事請，完全不受它的影響。

你不需聽從自己腦海中的任何「小聲音」。你不需思考自己不喜歡的想法。你不需吃下任何自己不喜歡的食物。你不需浪費任何一分一秒在自己不喜歡的人身上。因此，當你聽到腦海中的「小聲音」說出自己不想聽的話，請記得要馬上跟自己說「停！」並且告訴自己——我不要聽這些。如果你經常這麼做，這些「小聲音」必定會消失。

請相信我，有時我會真的來回踱步並且大聲喊叫：「**停！停！停！**」旁觀者可能以為我瘋了，但我個人倒是覺得無所謂。我能停止並且重新引導自己的思緒，遠比其他事情重要多了。如果我夠勤勉地繼續這麼做，那麼這些負面的「小聲音」自然也就無法控制我了。

現在的你可是經過多年習性塑造而成的。因此，這句話就是在說，你一樣可以將自己親手塑造成理想中的人物。

好消息是：你即將在本書中學會，如何在短短幾秒鐘之間立即做到這一點！就是這麼簡單！

在最近一次的講師培訓課程中，我讓學員不斷互相練習，試著跟其他三百多位學員輪流說些例如：「謝謝你今天出席與我共度這個時光。我向你做出承諾，我會竭盡所能，讓你所付出的時間和精力都能值回票價。」等諸如此類的話。

在這群學員當中，有位女士不知道是什麼原因，就是沒有辦法說出剛剛那段話中：「我向你做出承諾」這句話。每一次當她唸到「承諾」這個字眼時，她的腦袋就會一片空白。她要嘛不是喃喃自語，要不然就是忘詞。這個字眼在她心中形成一個極大的障礙。因此，我並未採取任何情緒上交叉問詢技巧，我只是簡單要求她不斷重複大聲說出這一句話，但是她每次還是會卡在那裡。最後，大概經過兩分鐘後，你可以從她的臉色上看出來，連她自己都快受不了了。在她的腦海中，她的「小聲音」一直不斷地在跟她說：「拜託，這太誇張了。趕快把它解決不就得了？我們不需要一直卡在這裡。」

最後，她深深吸一口氣，向前踏了兩步，然後開口說道：「我向你承諾，會在自己的能力範圍之內，竭盡所能地讓各位的時間和精力值回票價。謝謝你們今天來到這裡。」

全場三百多位學員起立為她鼓掌、喝采。因為她不僅終於說出口了，而她說話的方式充滿了力量與決心，以至於大大感動了全場所有學員。連她自己同樣感到非常激動。她的眼淚不斷地流下，她理解到自己害怕做出承諾，同時害怕站在別人面前說話，這個缺陷迫使她的人生一直在坐冷板凳，硬生生地吞下了那些她**真正想要**說出口的內心話……那些因為自己害怕上台，但是**仍然想**跟別人分享的好主意。不過短短幾分鐘，她壓倒了以往讓她裹足不前的「小聲音」。這就是任何「小聲音」所擁有的影響力。但是只要經過適當的輔導並且重複做出正確的動作，只消在短短幾分鐘，你就能夠重新設定或調整這種「小聲音」。

請記住：是**你**自己創造出這個「小聲音」，因此**你**絕對有能力改變它。

你**的確需要**別人的建議，也同時需要一些優秀的導師。換句話說，你絕對不可能不帶著降落傘就從飛機上跳下來。罔顧良好的建言或指引拚命向前猛衝，這是無法幫助你迅速達成目標的。事實上，有時這麼做只會讓你離目標越來越遠。關鍵在於如何分辨建言和導師的良窳。他們究竟是不斷鞭策你邁向目標，還是遠離它？他們會不斷鼓勵你，還是扯你的後腿？你必須自己用心做一些研究，藉以確保自己所獲得的是有益的建言。

你知道日漸年長有什麼好處嗎？就如同任何稍有年紀的人會跟你說的，你開始不再關心別人對自己的看法。而這正是一件好事，因為自己腦海中最具殺傷力的「小聲音」，其實就是成天擔心別人對自己看法究竟是什麼的那種人。我甚至敢大膽直言，在你的事業和個人私生活領域中，往往就屬這一類的「小聲音」最具殺傷力，並且最會削弱自己的力量。

多年前，我曾讀到一篇研究報告，報告中顯示：人們害怕被當眾羞辱，這份恐懼甚至遠遠超過死亡本身。事實上，死亡也不過排名第三位而已。害怕被自己的同儕排斥或漠視則是第二名。請你好好想一想。人類最大的兩種恐懼，竟然都是以別人對自己的看法，或者別人的漠視為中心。為什麼會有這種情形發生？

或許正是因為學校教育的關係，也就是當你舉起手來不小心說出錯誤的答案時，全班同學嘲笑你的當下。或是當你第一次鼓起勇氣走向生命中的「初戀」對象，結果她不但把你趕走，你還得受到「朋友們」嘲笑的時刻。無論這種恐懼源自何處，這個「小聲音」總是會一直不斷阻礙你成為自己心中理想的模樣。當你太過在乎別人對自己的看法時，你所下的決定絕對並非是對自己最好的，而是在考慮究竟應該如何滿足其他人的看法。

金恩博士曾在他最後一次演講時，亦即他在被暗殺的前一天晚上說道：

「我今晚很快樂，因為在我心中已經沒有任何擔憂。我不懼怕任何人！我確實已經親眼見到天主即將降臨的榮耀！」

在那當下，他根本不在乎別人是怎麼想的。他也不再害怕別人會怎麼說他，甚至會對他做出什麼事情。他自己的「夢想」和使命的重要性，遠遠超乎任何影響他前進的速度或會讓他分心、讓他氣餒的諸項事物。身為一個領袖，這些人總是先將使命擺在第一，而把自己的利益擺在最後頭。這對你而言也必須是一樣的，如此一來你才有辦法成就原本想要達成的目標；你的注意力絕對不能擺在自己的面子，或是別人會不會喜歡你的想法上。

如果你從本書中只能學到一件事情，或者你只打算學會一種技巧，那麼請務必克服這一種害怕別人會怎麼想，或者別人會怎麼看你的恐懼。請你回想自己的人生，究竟有過多少次，你不敢挺身而出、不敢繼續進步甚至沈默不語，純然只因害怕別人怎麼想你。因此，請你從今起下定決心，絕對不再讓這種事情發生在你的身上。

我們每個人都有能力投入，並在生命這場遊戲中大獲全勝，但是並非每個人都願意這麼做。每個人心中各自的「小聲音」，將會決定最終的結果。

所以說，就像其他人一樣，你現在的許多行為舉止完全基於以往一些帶有情緒的負面經驗，或是一些不良的建言，你利用這些來做為自己現在的行事準則。而重新調整或做出改變最好的方式就是直接面對它。持續不斷地把自己放在火線（壓力）下，站在眾人面前，直到你能處之泰然為止。這或許要花上一段時間，但是在眾目睽睽下，只要你越暴露自己，你就越會發現自己越來越容易做得到，受到「別人看法」這種恐懼的影響也就會越來越小。換言之，時間的確能夠療癒傷口，但是也得配合不間斷的練習才能成功。

太多人空有無法實現的理想與夢想，卻只因他們害怕跟別人開口說話，害怕對外勇敢地直言不諱，害怕別人把他們當成笨蛋來看。他們把「破壞了自己的形象」當成是一件極不得了的事情。害怕「別人對自己的看法」、或是被同儕羞辱或排斥等等的恐懼心理，這些可能就是你一輩子最迫切需要下功夫去面對的課題。請你務必記得：

你確實應該關心他人，但卻用不著太過在乎別人對你的看法。

我非常鼓勵你從事下列的事情：

◆觀賞或朗讀金恩博士最後一篇的演講並且模仿他。換句話說，要用同樣的臉部表情、肢體語言、音量、口音以及能量等，完全照他的樣子做。完美地模仿他的舉止。一而再、再而三地重複，同時更要擁有相同的激情程度。每天這樣練習。你將會發現自己越來越勇敢而且堅強。

◆自己一個人或是跟朋友，甚至可與一群想要成為善於溝通和談判的人們一起練習如何處理異議。如此一來你將能把恐懼摒除在一旁。

◆釐清哪些「小聲音」是真正屬於自己的，而那些壓抑你的又是屬於誰的。將所有的「小聲音」列成一張清單，找出究竟是哪次經驗造成了這些「小聲音」？這時你將發現，這個練習讓你擁有一種被解放的感覺。

◆試著問自己：「如果我擁有無限的時間和金錢，（在環遊世界並且享樂花用之後）我會願意做什麼來讓自己的生命充滿歡愉，讓自己生命充滿意義，而且同時對別人的生命有所貢獻？」或許這就是你現在應該立即著手進行的事情！

第三章

成功駕馭自己的「小聲音」

在上一章裡頭，我們談到了自己腦中所聽到的「小聲音」到底是屬於誰的？哪些是真正屬於自己的？以及它們都從哪裡產生出來的等等。而最重要的，我們講到了假使你能徹底了解每一個「小聲音」的出處，那麼這將成為自己所做過最具有解放性的練習——因為你一旦能瞭解它，你就有辦法**駕馭**它。

在這裡我要特別澄清一下，因為有太多的人會來問我：「我們是否能真正的消滅『小聲音』？」我想你永遠也無法消滅它。而且換作是我，我也不會想要去**消滅**它。的確有些時候這些「小聲音」會變得非常的重要，它會避免讓你做出一些既愚蠢又危險的事情，例如不帶著降落傘就跳出飛機外等等。當你只有五歲大的時候，就是靠它來保護你，避免你在來往奔馳的汽車前方奔跑過馬路。它們會不斷提醒你要先做好足夠的研究和準備，你才能在任何專案中投入自己的時間、金錢以及能量。

因此，「小聲音」是有它存在的意義與必要性，而且大部分它所給你的一些小小建議都還算不壞。問題出在於：你在腦海中所經常聽到的一些建言，充其量只不過是自己本身的一種習慣而已。它早已經成為自動化，或許它曾經在你五歲過馬路的時候發揮了作用，但是也許就是同一種保護機制，迫使目前的你沒有辦法充分享受生命中的其他領域。

你聽從這個「小聲音」已經有很長的一段時間了，因此你自動地會讓它滲透到自己生活中的其他環節——一些跟過馬路沒有任何關聯的情況也是。因此，直到最後你就是不小心搞砸了一段感情、錯過了一次絕佳的商機，或者逃避一些可能對自己有利的風險。這就是為什麼我們不想完全**消滅**「小聲音」……我們的目標應該是要好好管理、駕馭我們自己的「小聲音」。

如果能將腦海中所有負面嘮叨的內容通通關起來，而讓那些正面的「小聲音」開始出頭，不是一件很棒的事情嗎？我們絕對會比現在過得好上許多。因此，想要管理自己「小聲音」的第一步，就是必須先了解自己的確擁有一個「小聲音」。如果你能暫時跳脫自己，觀察自己腦袋中的對話，並且問自己：「這句話是從哪裡來的？」那麼你已經踏上如何學會自我管理「小聲音」的第一步。

很多人都習慣於將自己腦袋中，不斷報告的「小聲音」當成生活的一部分，他們甚至不了解這個「小聲音」，究竟在他們生命中扮演了多重要的角色，因此，他們自然無法退一步跳脫自己，改以客觀的眼光來檢視它。

我在高中的時候，經常參加競爭極為激烈的徑賽。在我表現最佳的幾次比賽中，都是因為我能夠當下跳脫自己，改用客觀的角度觀察正在賽跑中的自己。就算我是這麼嚴厲地鞭策自己以致於渾身痛苦，但我仍然在一種神祕的狀況下跳脫自己的身體（或者只是自己幻想著有這麼做），同時問自己：「你現在的肢體如何，布萊爾？另外一個競爭對手正在想些什麼？步伐再邁開一點，放鬆自己的上半身。」這麼做不但讓我擁有更好的成績，甚至在某種程度上而言，我對自己萌生了一種奇特，但是又非常深刻的尊敬感。就算是直到今天，那些珍貴的體驗仍然可以重新喚起我自身的力量和能量。

你是否有過這樣的經驗，也就是沿著馬路散步或在開車的過程當中，瞬間聽到別人在他的車子裡面對你大聲辱罵？你的「小聲音」當下立即產生反應並且回罵道：「這個$@#&%的笨蛋！」或者：「媽的，如果給我機會，我一定會好好的#$%&@#那個傢伙！」你若如此地被當下的情境沖昏了頭，以致於無法給自己一點喘息的時間，讓自己跳脫出這種自動化的本能反應。這就好比有人按下了你腦海中的「播放鍵」，此時久藏於腦海中的某個ＣＤ唱盤，自然而然地就被自動播放出來。

特定的刺激，必定會引發出特定的反應。舉例來說，假設現在正是用晚餐的時候，電話鈴聲突然響起，來電顯示器上顯示這是一個你不認識的電話號碼。直覺告訴你必定是某家推銷公司打來的銷售電話。你的腦袋立即產生反應：「又是這些討厭的傢伙！又想要賣給我什麼東西！我最痛恨這些人了。」因此你直接拿起電話開口說：「我現在沒有時間跟你扯這些。我們現在正在吃晚飯。請你不要再打電話來騷擾我了！」接著你就把電話掛上了。

方才是你基於以往生活經驗所採取的自動化反應。這麼做沒有任何不對的地方。問題在於：那屬於一種自動化的直覺反應。相信你也不排除說，這通電話或許可能是你的妹妹或妹夫急著要和你聯絡，但是基於某種理由，她（他）請別人利用另外一支電話打給你。我當然承認這種情形的發生率的確很小，但是你腦袋自動產生的反應，立即讓你跳過了一個原本可以加以選擇的決策點，讓你完全沒有任何選擇的餘地直接憑本能採取反應。除非你能當下跳脫自己的情緒狀態，管理自己的「小聲音」，並且對自己說：「等等。我現在到底在想什麼？為什麼我要說這些話？為什麼我要做這種事？這是我真正想要採取的決定嗎？」——要不然你必定會採取**預先被設定好**的反應！

在某些狀況來說，這種自動化的反應倒是件好事情。它可以避免你身陷不好的事業投資中。它可以避免你浪費金錢，或者對自己的身體造成傷害。但是基於同樣的理由，如果它完全被**自動化**，而你又早就**習以為常**，那麼你必定會經常錯過許多良機。

當下發生的某些事物，有時候會重新喚起你一些雖然早已過去，但是卻又充滿負面情緒的生活體驗——舉例來說，當我們遭受所信任的人背叛、或者損失了金錢、或者感情受到了傷害等等。簡言之，你的腦袋就像是一部電腦一樣。它被訓練成對某些特定的刺激採取行動，而且它也很會抄捷徑。有時候只需聽到這些致命的字眼「相信我就對了」，紅色巨大的警告號誌「危險！」立即就會開始在腦海中閃爍。這時候你會在腦海中想：「哼……這句話我不知道聽過多少遍。」如果一個東西看起來像一隻鴨子，而且聽起來像一隻鴨子，想當然它必定是一隻鴨子，對吧？在這種狀況下，當這個人一開口就聽起來（也感覺起來）像是另外一次的潛在背叛，你本能上會採取的制約反應就是：「我絕對不會給這個傢伙任何的機會去背叛我！」因此，你會立即想盡各種辦法迴避這樣的情境。那個擁有背叛記憶的CD從記憶庫中被抽取出來，在腦海中自動地播放，你便會馬上開始採取自動反應的動作。

還記不記得在本書中一開始所舉的例子……也就是你跟某人共處三個月，培養了絕佳的工作默契，直到他開口向你借錢的那個例子嗎？當你一聽到「借錢」兩個字的時候，你腦海中收藏已久的CD立即會被找出來並且擺放到播放器中，接著，那個「小聲音」將開始自動播放。如果你不懂得「小聲音」管理的技巧，光是區區這麼幾個字，就能永遠改變你跟他人之間的相處關係。

我曾經看過工作團隊在突然之間，毫無預警地，只是一句無心的評論、笑話、問題或要求，便立即徹底改變了彼此之間的關係。雖然歷經三個月、半年甚至一年多共事的時光，擁有並建立了絕佳的工作默契，可惜一旦某個人的CD開始自動撥放，基於以往經驗或者是記憶所產生出來一系列的反應，就會開始影響工作團隊現在以及未來之間的互動。而問題癥結就在於：這些反應早在很久以前就被定型了，而這可能完全不適合現況。這樣的情形就是缺乏「小聲音」管理技巧所致，就是被我稱為「全自動化」的情形。

有時候甚至還會發生更糟糕的情況。在我的訓練課程中，曾有一位看似非常有才華，但在工作上卻充滿挫折的中年男人。撇開他的才華不提，當他每一次面試新工作的時候，他就變得非常退縮且害羞。在他所待過的工作當中，幾乎都曾發生過同樣的事情。可是我發現他其實是一個非常樂於主動打招呼、非常具有創造力、而且非常具有活力的人；可是每次只要提到他老闆，他的肩膀就會垮下來，音量會變小，原本的活力甚至會完全消失殆盡。就算我們只是淡淡地討論他目前的工作情形，他也會立即進入自動化反應的狀態中。

因此，我們特地為此進行了一次角色扮演的訓練，由我假裝是他的老闆，並且請他開口向我要求加薪。這對他來說是一件非常困難的任務。每當我有異議的時候，他就會完全閉嘴不語。最後，我問他現在有什麼樣的感覺。他說：「我覺得自己受到壓抑。」接著我對他說：「很好！我們總算有一些進展了。」畢竟他至少開始懂得觀察自己的行為。

接著我問他，以前是不是曾經體驗過相同的感覺？他說，每一次只要老闆走進辦公室，他就會有這樣的感受。因此，我又問他面對在這個工作之前的其他老闆，是否也曾發生過類似的情形。他回答說：「沒錯！看到以前的老闆也會這樣！」所以我又接著問他在見到這些老闆之前，曾經發生過什麼事情？聽到這邊，他忽然呆立、兩眼低垂，兩頰開始發紅，雙眼充滿淚水。這時的他看起來不像是個中年人，從他的雙眼中流露出來的，倒像是個非常困窘的八歲小男孩。他說：「過去當父親因為功課而責罵我的時候，我心中就會萌生同樣的感受。」這對他而言，可是一個意義非常重大的時刻。

他的「小聲音」還在播放八歲時所燒錄的那一片老CD，也就是父親在家裡恥笑他的內容。雖然他的老闆並非他的父親，我也不是，但是他的「小聲音」還是採取了同樣的反應。

當這位仁兄體驗到「原來如此！」的感受之後，我問他是否能放下這種陳舊的反應，不要把我當成父親來看待，在當下改以嶄新的眼光來看我。這時，他的臉上開始綻放笑容，邊流淚邊咯咯笑著說：「沒問題，我可以試試看。」

因此，我們再次進行角色的扮演，而且不用我多說，他的能量高到不行。他腰桿筆直，臉上充滿了光采。在充滿自信的狀況下，他完美的回應了我所有不願意給他加薪的各種異議。隨著角色扮演的進行，他不但創造出一個非常簡單，能替公司帶來額外營收的計畫，還願意完全擔負起執行這個計劃的重責，同時開口要求從這個計畫所帶來的額外利潤中，獲得固定百分比例的紅利。換言之，他的表現實在太傑出了。

我相信在他的腦海中，一定曾經沙盤推演了幾百遍，但是現在最大的差別是他的口氣像一位老闆，而非畏畏縮縮的員工。當他說完時，全場學員都極力為他歡呼。就在那個時刻，他在教室外的人生也註定了會有所成就。事後他告訴我，他不但得到加薪機會，也理解到以往的老闆其實都不是問題的癥結所在。真正問題是出在多年來卡在他腦海中，不斷自動播放的「小聲音」。這個故事的宗旨在告訴我們，只要你能開始駕馭自己腦袋中的鬥爭，那麼在短短的幾分鐘之內，你的生命可以立即發生極大的改變。

你是否曾經擁有過非常激動的經驗？我相信一定有過。而且你也應該知道，當你情緒激動時，智慧通常便會隨之不見了。你可能會衝口說出一些並非自己內心想要說的話，事後甚至還會相當後悔。你曾經發生過這種事情嗎？在那種情形下，當你後來知道自己把事情搞砸了，是不是會狠狠敲打自己的腦袋，並且後悔當初說錯了話？如果你曾經幹過這種事情……那麼你已經開始懂得練習管理自己的「小聲音」。

我並不是在建議你要隨時敲打自己腦袋，或者是衝口說出一些愚蠢的話。但是當你擁有能喊出：「停！唉呦！等一下！我方才說些什麼？這不是我真正想要說的話……」——這就是管理「小聲音」。

在日常生活當中，有太多事情會觸發自動化的反應，有些甚至還充滿了情緒。舉例來說，我和太太正在討論某件事情——也許是我們的孩子或是共有的財務狀況。假設說我今天碰巧過得非常不順利而且非常的疲倦。然後好巧不巧地在我跟太太談話的時候，她不經意地「瞄了」我一眼（你知道⋯「就是那種眼色」！），我的「小聲音」將會立即把它詮釋成——她在挑戰我處理問題的能力（你從來不會發生同樣的情形，對吧？）。很明顯的，我對於這種事情確實非常敏感。

事實上，這恰好就是我個人少數幾個，尚未處理好的「按鈕」之一，因此，我的ＣＤ便會立即跳出來大聲播放。接下來你知道會發生什麼樣的事情——我開始不高興、開始妄下斷言、開始防衛自己，導致這段談話越扯越遠，要不然就是無疾而終。而這就叫做自動化的反應。

我原本大可暫停一下，反問自己：「我現在為何變得這麼不高興？這太離譜了！那不過只是一種表情而已！」但是我卻直接進入自動化的反應中，開始變得非常憤怒或乾脆閉嘴不言。如果我能暫時跳脫當下的狀況，給自己足夠的時間去質疑自己一些很基本的問題，那麼我就能開始管理自己的「小聲音」，而且不會在當下就受它制約。

稍後，我們會講到你可以實際加以運用，有關身體、心理和情緒上的各種技巧，因此，每當你知道自己即將要開始播放「ＣＤ」的時候，你將立即知道該對自己說些什麼，這個舉動不但能破壞自動撥放的狀態，同時還能重新引導自己的思想朝向正面發展——一個更適合當下情境的思維模式。

對我而言，我知道自己非常在乎別人用這種「眼光」瞄我，而其原因是來自於我的雙親，因為每當他們厭惡我所做的某件事情時，他們就會對我投以這種特別的「眼光」。直到我徹底理解到這一點，我才開始試著跟自己說：「喔，這可是一片播放了好多年的老CD了。」隨後，將它放下。

你不會想要消滅「小聲音」……你真正的目標是管理它。

請你記住，一旦你能跳脫自己並且以客觀的眼光來觀察自己的「小聲音」，那些已往的經驗就會開始對你失去影響力。而每當你分辨出同樣的「小聲音」時，你就越能重新掌控自己當下所該採取的反應。

跟你講個絕佳的消息！！你現在的狀況只是多年來的習性，所創造出來的慣性模式。

但是你只需要花費極短的時間就能重新設定，甚至完全消除它。首先第一步就是要能自我警惕，從外在客觀的角度來觀察自己。當然啦，如果在情緒翻騰、即將採取行動前的那一剎那也能這麼做，是再好不過了……但是並非每次都這麼盡如人意（至少我就是這樣）！但是，就算你在事情發生之後十分鐘才想到當時應該要這麼做，這其實也是非常有成就的一件事情。因為下次或許只消五分鐘就能做到，也許從哪天開始變成一分鐘，然後是三十秒，直到你能完全控制它為止。

我再給你舉一個發生在我自己身上的例子。我最近才舉辦過一場為期兩天的課程，在課程結束後有幾位學員走到我的跟前讚美我。在我的腦海中，和這些學員溝通的「小聲音」和他們產生了以下的對話：

學員甲：「你知道嗎，我真的非常讚賞你每一次都全力協助學員重整自我。我注意到你會迫使他們面對自己的問題。你雖然非常溫柔，但是卻也非常堅定有力。」

我的「小聲音」：「喔，真是過獎了，但是我不知道是否配榮獲這樣的功勞。」

學生乙：「這次對我們而言也是個非常巨大的挑戰，但是每位學員都不但獲得了巨大的勝利，而且在過程當中沒有一位受到打擊。」

我的「小聲音」：「好了，夠了。我開始感覺到很不自在了。」

學員丙丁戊：「這課程太棒了！」「這是我上過最棒的課程！」「你改變了我的生命！」「我希望你能成為我的導師。」

我的「小聲音」：「越來越不對勁了，我想還是趕快走人吧。」

接著我（大聲的對著全體學員和鄰近的助理）說：「太棒了！金柏麗，妳能不能過來一下？」

但是現在回過頭來看，我必須想想，我為什麼無法坦然接受別人的讚美？為什麼我會這麼的困窘？我在腦中不斷播放的，究竟是哪一片ＣＤ？

首先，為什麼我要處理腦中的這種狀況？我終於想出兩個理由。第一，你認識一些無法接受成功的人嗎？他們非常習慣於在獲得勝利的當下，立即把自己的成就搞砸掉。他們就是無法接受自己獲得勝利的事實。雖然貶低自己或許是一種崇高、同時也是一種謙虛的表現，但倘若這是一種無意識的習慣，你就會不斷的降低自己的自信心，進而產生焦慮，而且會在你迫切需要能量和力量的時候，開始在你的腦中產生自我懷疑。

在某些情形下，我也會有這樣子的傾向。你是否擁有同樣的感受？當有人讚美你的時候，比較好的方式就是直接回應：「謝謝你。非常謝謝你。我很感激你這麼說。」然後好好享受這種愉快的體驗，慶祝這次的勝利，並且累積這樣的心境。

第二個理由則是，為何只要管理這種特定的「小聲音」，就能迫使我繼續處在當下，不斷地與讚美我的人群保持互動；而不是隨便敷衍他們，讓他們覺得我不是很在乎他們的讚美，或者根本不屑接受他們的感激。

現在此時此刻，或許你認為我根本就是瘋了，因為在我腦中居然有這麼多的「小聲音」在互相對話。我接受，或許我真的是一個瘋子。但是，如果你現在正在閱讀本書，我確信你也會有同樣的狀況。請記住：想要擁有精采絕倫的人生，首先你必須對自己完全地誠實。

因此說真的，如果在未來的人生當中——哪怕是一年之後——你能回顧一切並且說：「天啊！我那個時候到底在想什麼？」那麼你已經在「小聲音」管理獲得相當的成就。而當你能重新駕馭自己的腦袋，那麼你就有能力選擇新的方向，開始邁進。

至於管理「小聲音」的關鍵就是：

- **首先要認清，在自己的腦袋中的確擁有一個（或者更多！）的「小聲音」。**
- **理解唯有先跳脫自己，改以客觀的眼光來檢視這個聲音，不斷質疑它、認清它的存在、愛或恨它，而若有必要，你甚至可以擺脫它，繼續向前進。**
- **能夠真正找出它的根源。**
- **懂得運用適當的「小聲音」管理技巧，並且重新設定它。**

唯有持續、不斷地這麼做，才能讓自己開始習慣控制思緒和行為。

不久之前，我跟位於阿拉斯加一家很有規模的保險公司副總經理進行商務洽談，該公司的業務範圍涵蓋了整個太平洋西北海岸。我問他身為一個偉大的業務員、經理人和專家，什麼才是最重要的基本因素？他回答說：「根據他二十多年的經驗來看，他發現那些能成為最頂尖、稱得上是專家的人們，通常都是能對自己的行為和情緒擁有最客觀反省能力的人們。」

當我進一步詢問、推論這句話的含意時，他解釋道：「那些願意觀察自己的內在，並且不斷質疑自己——質疑自己的動機、質疑自己的起心動念、客觀瞭解目前自己的現狀、甚至願意挑戰自己長年來認為理所當然的想法的人，這些人才是真正具有能力晉升到偉大境界的一群。」

我完全同意。

或許有些人會排斥他們，甚至把這些人單純看成「考慮過度」、太嚴肅或者太個人主義化，但是偉大的領袖們都能在自己身上創造出卓越的改變，進而承擔未來更大的責任。因此從結果來看，他們會有積極採取主動的傾向，這麼一來，反而會讓他們經常扮演決策者的角色。然而就算在這些過程當中他們屢次犯錯，不過就是因著這份學習的方式，才能夠成為他們達成目標的基礎。

若願意內省並且不斷質疑自己的思考，你同時就會開始承擔起自己思想的責任。這會給你帶來一種無比的力量。在這種狀況下，你將可以真正避免親身體驗到一些會擊垮自己的思想，例如忽視、責怪、找藉口或者無知。你不但會開始百分之百地負起自己行為的責任，同時也將開始承擔外在世界的責任。

請記得：財務上的成長，完全取決於個人心靈的成長。

多年來，這句話一直是我自己和許多摯友的座右銘。當人們開始厭倦在自己身上下功夫時，我們這群人從來未曾放棄過。直到今日，我仍然投入許多的金錢以及無數的時間，讓自己不斷地進步，讓我可以更清楚地、更有能力地，並且更有力量地來服務他人。這麼做的結果就是締造了超乎想像的財富、卓越的人際關係以及能感動成千上萬人們的能力。

責任

……自己承擔起責任

正當化 ×

責怪 ×

漠視 ×

（如果你真的肯負起責任，則不會容許這些存在的空間）

但是對許多人而言（我自己也一樣），「小聲音」會竭其所能地保護脆弱的自我。這就是為什麼你會選擇責怪他人、正當化自己的行為、甚至找搪塞的理由……，這其實就是一種保護機制，是一種全自動的反應。雖然這麼做或許會在人生中對你有所幫助，但它同時也限制了你更進一步的成長。因此，當「小聲音」開始重覆犯錯時，最簡單的方法就是跟自己說：「停！」堅決地打斷他、阻止它，重新引導它。如果真的有必要，甚至狠狠敲自己的頭三次也不為過。

接著，跟自己說（在心裡或者大聲說出來均可）：「我又在責怪他人了。不要再責怪別人了。承擔起責任！」別忘了，當你仔細咀嚼「責怪」這個字眼的時候，你就可以感覺到是自己在把問題推給別人，其中反而有怯懦地規避責任的味道在，光憑這一點，應該就足以刺激你繼續進行類似的行為。

那些超高績效、最優秀的領導、最傑出的經理人，其實都是最會反省的那群人。

你是否曾問自己：「我正在做正確的事情嗎？我為什麼要做這件事？我為什麼會如此嚴厲地鞭策別人？這麼做是對的嗎？現在做這件事情的時機又是正確的嗎？」

這些話聽起來是不是很熟悉？應該是吧。每位我曾經接觸過的優秀企業家、領袖或父母，都懂得自然而然地質疑自己的行為。他們各個都擁有跳脫自己、善於指出並管理自己腦海中「小聲音」的能力。

但是，「不斷反省」和「過度分析」、「猶豫不決」完全是兩碼子事情。後者是「小聲音」陷入泥淖中時才會產生的現象。因此，這些人們偉大的地方還有一點：

即便心中存有懷疑……但是仍要採取行動！

沒錯，有時會心生恐懼。沒錯，有時甚至還會產生自我懷疑。沒錯，你會不斷質疑自己。但是必定會有某一瞬間，當你擁有足夠力量時，你就能夠管理並駕馭自己的「小聲音」，進而直接採取行動。如果不採取任何行動，那麼只剩下空洞的理論和臆測而已……這絕對不會具備試驗、測試與加以修正的能力。

但是，並非每個人都會選擇這條途徑。很多人直接會進入「不自覺的狀態」，不斷抱怨自己為何充滿無力感？為什麼老是在扮演受害者的角色？他們從來不會問自己：「我這麼做是正確的嗎？如果面對這項挑戰又會獲得什麼樣的價值？我為什麼會這麼害怕？如果我放膽去做，究竟會有多大的益處？」

過去從商時，這向來會決定自己是玩大的還是玩小的。如果你決定用一般員工的思維模式來想事情，那麼你就會看到自己成為老闆、經濟以及任何事物的被加害者。你選擇聽話照做勉強過生活，在這時，你根本已經完全放棄自己的力量，並且真正成為一個受害者。

反觀這群領袖們，他們都比較懂得反省自己。透過不斷質疑自己、管理自己的「小聲音」，客觀地觀察自己、評估自己，然後採取行動並加以修正，然後再次採取行動並隨時修正，絕對不讓自己掉入自動化的反應模式之中。

你可以慎選自己慢用的思緒，並且摒除那些自己不想要的念頭。在我第一次參加由馬修・塞博大師（Marshal Thurber）所創造（而且當時也是影響我最大）的個人成長發展——「Money And You」時，人人都要試著唸上一段文章——這是由一位具備絕佳「小聲音」管理技巧，名為「奔雷」（Rolling Thunder）的印第安人酋長曾經說過的話。他說（括號內的是我自己的想法）：

人們應該為自己的思緒負責任，因此，應該要學習如何駕馭它們。這或許不是一件簡單的事情，但是確實可以做得到。首先，如果我們不想要思考某些特定的事情，那麼我們就連講都不要講出來（千萬不要試圖說出一些負面的事情，企圖藉此強化自己負面的思緒！）。我們不需要吃下所有我們看得到的東西，也不需要講出自己腦中所有正在想的事情（這麼做還得了！）。因此，我們開始刻意覺察自己所用的字眼，並且記得在開口時心存善念。

有些時刻，我們必須擁有絕對清晰並且純淨的思緒，完全沒有雜念的時刻，為了因應這些狀況，我們必須不斷訓練自己並提早做準備，直到自己準備好了為止（訓練自己面對臨終的時刻！）。我們不需要說出，或是想著那些自己不願意去做的事情。我們在這方面擁有選擇的權利，而且我們必須瞭解這項權利，並且不斷練習行使它。不斷責怪自己腦中所冒出來的各種想法、夢想全是沒有意義的事情，因此，根本犯不著和自己爭辯，甚至和思緒對抗，因為這一切都是徒勞無功的。

如果它們繼續在腦中冒出來，那麼就隨它們去並且說：「我選擇不要擁有這種想法」，然後它們將很快地消失不見。如果你持續堅定自己的決心，並且堅持這種做法與理念，你就會開始知道如何妥善運用這種選擇的力量，藉以控制自己的意識，以至於永久排除自己不想要的任何思緒。唯有如此，你才能適當地、完全體驗到所謂的純淨，任何負面的事物，都將無法在任何時刻存在於你的身心靈之中。

——摘自道格．柏德《奔雷》一書（Random House, 1974）

你必須能夠回顧自己生命過往的片段，無論是不好的、成功的或是充滿挑戰的時光，然後重新體驗自己當下所扮演的角色。你究竟從中學到了什麼？又有哪些部分是你一手促成的？當時，你的思緒、行為和結果，**真正**是從哪裡冒出來的？無論你在當下、幾個月、甚至幾年之後是否能繼續這麼做，這對你來說仍是往前邁進了一大步。

如果你能提昇自己發問、評估、認可的能力、甚至重新導引自己的「小聲音」，那麼你的生命將擁有更豐富的意義。你一直追求的結果就會更加迅速地發生，而你就能真正重新掌控自己的生命。這就叫做駕馭「小聲音」。

許多人習慣讓「CD」任意地在腦海中播放，以致於完全無法察覺它的存在。

這是因為他們根本無法釐清自己腦中的活動。

第四章
自我價值對上抗拒——克服批判自己夢想的習慣

請問你有過多少次，一再拖延、不願意去做自己真正想做的事情？寫一本書？成立一家公司？帶著一群小孩子踏上尋根之旅？你不斷拖延、一直無法將事情完成的背後，其實是有原因存在。

好消息是：這其實是有解藥的！這是我所採用的「小聲音」管理技巧中，最具有威力的一個；而這個技巧的應用範圍非常廣泛，無論是業務銷售、人際關係或者個人財富等領域都能適用。這個就和你本身是否具備清楚評估價格的能力有關。我在這裡所指的「價值」並非單指產品、服務或商業的價值，更重要的是：你是否能評估自己本身真正的價值。

我們現在就從自信開始談起。那些最成功、顯達的人士，通常都是擁有極度自信的一群。而這份自信又是從何而來的？

當「小聲音」開始讓你產生自我良好的感覺時，你的自信就會提升。就算自己犯了錯，你仍然會自我鼓勵一番；這是因為你很清楚自己已經全力以赴，並且將從錯誤中汲取教訓重新站起來。再者，自信也源於知道自己具有獨特、優秀的天賦才華可供分享，或是擁有豐富的經驗，可在各種機會中充分發揮作用。

但是，一旦決定要突破自己的舒適區，或者決定挑戰下一個境界時，這時就會有問題產生。每當你打算建立自己的事業、培養新的親密關係、改善自己的健康或擴充自己的投資組合時，它有時就會顯露出它醜陋的一面。這時，你就會願意面對內心的阻礙。這就是為什麼你似乎一直無法繞過這一重障礙，直接完成任務。你知道我在說什麼嗎？

就讓我們來處理這個問題，讓你能繼續活出自己的生命，並且實現自己一直渴望獲得，但卻一直無法成真的願景。

首先，到底是什麼原因形成這樣的阻礙？

我現在是誰？我能成為什麼樣的人物？

左圖中較小的人物就是現在的你。如果你跟我們大部分的人一樣，你應該會期待

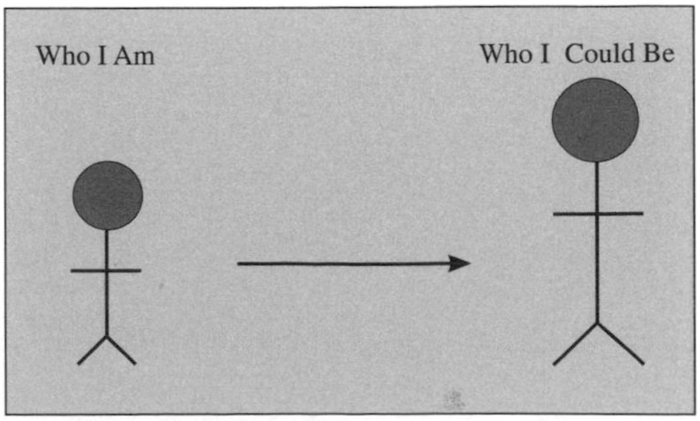

自己內心擁有一個更偉大、更優秀與更有能力的真我！我的足跡踏遍全球，也輔導過成千上萬的人，我在此可以很肯定地告訴你，絕大多數的人都抱持相同看法。對於自己可以成為什麼樣的人物，以及可以擁有什麼樣的生活，每個人都擁有相當雷同的理想與願景。

當你還是個小孩子時，你在自己心目中可能是非常偉大的。我還記得自己當年還是一位在俄亥俄州東北角農場長大的小孩時，每天腦袋空空地在玉米田裡東奔西跑，可說是我的日常生活寫照。

我也記得自己曾是一個非常吵鬧、天不怕地不怕的六歲小孩，到處發洩精力、享受陽光、藍天以及腳丫子底下清新的大地。我還特別記得有一天，當我跑過一叢又一叢採收完畢的玉米田時，我認為自己未來將有可能成為美國總統或是第一個踏上月球的人！我相信你也曾經擁有自己非常嚮往的大志向——運動健將、電影明星、芭蕾舞者、百萬富翁或是超人等等。

但是，隨著年齡增長，由於生命的體驗、挫折和現實世界開始侵蝕自己的夢想與願景。很快地，你將會慢慢習慣「耽溺」在安逸愉快的現狀，並且滿足於少許的快樂時光。

我在本章內容的陳述上，將會比較傾向於靈性這一部分，因為我一直相信，大家心裡都存在著一個非常偉大的人物。我曾親眼看見一位家庭主婦將一個好主意變成規模逾千萬美元的大生意。我們也曾見過巨大的電腦企業家，他是從自家車庫中發跡。我們也會看到上千個小孩免於疾病和飢餓，以及許多無名英雄給予獨居老人無比的榮耀與尊敬。每天都有許多男男女女扛起各種計畫、使命，並對許多人的生活造成莫大影響。

這些人不一定會出現在《時代雜誌》的封面上，甚至你用Google搜尋也不一定會找得到。但就是不知道為什麼，他們總是會從群眾當中浮現出來，進而成為偉大的老師、藝術家、榜樣、志工或發明家。甚至在某些情況下，可能是個過度肥胖到只剩幾年可以活的人，結果由於他決心面對困境並且克服各種困難來減重，晚年的他不僅長壽而且健康，而這才叫做偉大！

我們每個人內心都存著一個偉大的自己。你是否能在這一輩子發揮出來，完全取決於你自己的「小聲音」。就算你認同自己內心的確擁有偉大的成分，但是如果你跟我一樣，每次都這麼想，這時，就會有另一個嘮叨的「小聲音」不斷地說：「你知道嗎？你應該好好振作並有一番作為才是！」

或許你一直想要寫一本書。你在內心也構想了許多年，而且你也知道自己應該要把它寫出來。但就是不知為什麼，你總是遲遲不採取行動。你或許逢人就說，但你就是從不認真採取行動。或者，你是想著要創立自己的企業，擁有有理想的體重，建造夢想中的房子，甚至踏上一次旅程等等，但你就是不去做。**為什麼？**

現在的你，和自己夢想成為的人物之間存在著某種東西——這個東西一直在阻撓你，讓你無法到達那個境界。而它的名字就叫做**抗拒**（或阻力）。

它來自於許多不同的層面。它是我們腦海中最具破壞性的「小聲音」之一，而我相信你也都非常清楚它的真面目。這聽起來像是：「誰說這會是一本好書？你又算老幾，憑什麼寫書？」

如果你不小心應對，你將會經歷一連串貶低自我價值以及所作所為的過程，直到自己的能量低落到讓你**無法**採取任何行動，進而一再遲疑拖延。結果造成你無法克服這些阻力來著手寫書、建立事業甚至爬山攻頂。

日常生活也會阻撓你。事實上，整理倉庫、加上幾個小時的班、處理幾件雜事、回覆幾封電子郵件等等，這些事情往往會在瞬間變得比自己內心想要追求的夢想還要更重要一些（順便一提，我想到一個絕佳的範例：因為我自己就整整花掉了一天半的寶貴時間，迫使自己坐在電腦桌前來寫出這一章的內容！這段時間內，我回覆了許多電子郵件，和事業夥伴開會協商、處理許多雜事、順手整理自己的辦公空間……你瞭解我在說什麼嗎？）。

我們都覺得自己**應該可以**更偉大，只是每當必須強迫自己坐在電腦前，將手指頭放到鍵盤上開始打字時，有一個「小聲音」就會跳出來說道：「你根本沒有什麼有價值的內容！誰想要聽這樣子的內容？根本沒有人關心「小聲音」這回事，對吧？這種想法簡直是愚蠢之極。還會有誰想要瞭解這樣的內容？更別提說你怎麼打算賣這本書？你有沒有考慮過新書應該如何上架？」等等諸如此類的風涼話。

如果我在腦海中不斷貶低它，那麼我就會一直降低它在我心中的價值與份量。只要發生這種情形，我就會站起來離開鍵盤，剛好給自己一個不去完成這項任務的藉口，同時並對自己說：「很明顯的，這不是我現在急著應該要做的事情。等過一陣子再說。」原本的阻力突然變成真的拖延！

阻力和抗拒完全是由自己所引起。如果不斷貶低它在你心中的價值，那麼你就不會產生克服阻力的動機。

阻力可能藉由「小聲音」的形式對你說：「做得不夠好！你的能力不足！你根本不知道自己在說些什麼！」

幾個月前，我舉辦了一個課程，在準備教材的這段期間，我的內心其實非常恐慌。因為這群人將與我共處四天的時間向我學習，而我自己根本不知道要跟他們說些什麼！我的「小聲音」不斷地說：「他們早就上過我其他課程。他們也都聽過我的演講。我找不到新的內容可以教他們。我根本無法提供任何價值。」

我那時腦筋之所以轉不過來，是因為我不斷聆聽自己內心負面的「小聲音」，甚至相信它的話。由於腦袋卡住了，因此徒然帶給自己莫大的壓力。直到最後，當我總算叫「小聲音」閉嘴時才算突破了障礙，同時我也理解到**是我自己**創造出這樣的抗拒心理。

很明顯的，這才是我想要傳達的訊息。因此，我在這堂課的開場白中便說：「為什麼人們有時會發生文思枯竭，無法寫出心中的最佳劇本、無法進入法國自行車公開賽、無法在投資組合當中納入許多價值不菲的不動產……，是因為他們不斷心生**抗拒**，而不願去做。這份阻力到底從何處而來？完全取決於你自己如何看待本身和夢想的價值（有時甚至毫無價值）？這些阻力通常會透過很多不同的方式來呈現，聽起來感覺會是這樣子的：「我必須先整理房子」、「我必需先填完這些表格」、「我必須先打完這幾通電話……」

這個觀念成為接下來四天課程的主題，是因為我們所有的人都曾經有過這樣子的體驗。它同時也成為我寫這本書的主要動機。那個你應該分享出去的天賦才華——哪怕是一本書、一齣戲、一家公司、你渴望的生活——其實只不過是離你幾秒鐘之遙罷了。可惜許多人窮其一生也無法一窺全貌。但是，如果你能開始建立自信、能量，更重要的是了解你自己本身的價值……你將可以在這一生中不斷體驗到自己的莊嚴。

在你自己本身和夢想之間，經常出現極其神祕的東西。為什麼會發生這種事情，這是因為無論出現什麼阻撓性的事物——不管是要整理衣櫃，或撥打幾通電話——這

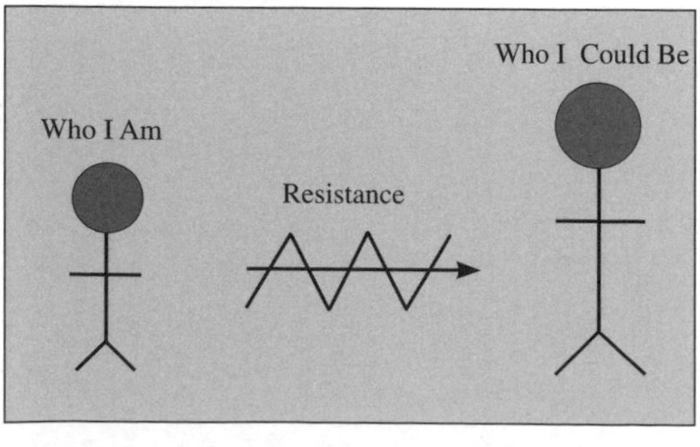

些事情當下在你心中的地位，遠遠大過你一直想寫的那本書。請你花點時間好好想想這句話的意思——即刻撥打這幾通電話所將帶來的價值，怎麼會大過一本可能感動千萬人的書？這是多麼荒唐的一種想法！

你還要容許多少小事情來**阻撓你**，在自己心中產生阻力，讓你無法成為命運中的自己？因為就某種程度上來說，你的「小聲音」正在告訴你：撥打這幾通電話或整理衣櫃，遠比坐下來寫本書還要重要——遠比你成就**這一輩子天道使命**還要重要。

當你**真正**去檢視「拖延」這件事情時，「小聲音」才會讓你付出第一個代價——侵蝕自己的**自信心**。事實上，多年來我在銷售和領導領域中輔導過成千上萬的人，而每次探討效率問題時，追根究柢都是缺乏自信心所導致的問題。

你的自信心如果越低，那麼你的阻力就會越大；
你將無法完成自己所想要做的事情，或是成為自己想要變成的人物！

我看到太多的人之所以無法充分發揮潛力，是因為他們忙於應付自己心中的許多阻力。在某一次課程中，有位女士問我：「我為了一本書已經構思了很久……。」我問他為什麼還遲遲沒有動手開始寫作，她緊接著回答我：「嗯，雖然我擁有很多好主意，但我就是沒有辦法克服阻礙。」

我接著問他：「要怎麼樣做妳才會願意開始寫作？你是否會為自己安排寫作的時間？是否會列出處理事情優先順序的清單？」

你應該分享出去的天賦才華——哪怕是一本書、一齣戲、一家公司、你渴望的生活——其實只不過是幾秒鐘的距離罷了。

這些建議好像都對她起不了作用，直到我們開始討論自我價值認定時才開始有所改變。我畫了一張圖表（請看稍早前有關阻力那一張圖）然後跟她說：「阻力通常源於人們貶低自身價值而來。當你這麼做，你就看輕了上天賦予你的天賦本事，也就是你出生在世上本就應該和大家分享的才華。

正因如此，**所有其他事物**就變得比自己本身更加重要，這就是為什麼你一直無法動手寫作。也這就是你心中會充滿挫折的原因。」

直到這時她才徹底明白這個道理。四個月後，她完成了那一本書。

如果你至今還在因為沒有充分發揮潛力而充滿挫折時，請你試想這個挫折感將會隨著年齡增長，當你年屆五十、六十、七十甚至八十歲時會變多大？尤其是當你問自己：「我怎麼沒去做這件事情？為什麼我沒有完成這件事情？我早就該做了。只可惜為時已晚，你不僅人老了，也沒辦法了。」（順便一提，為時永遠不嫌晚。）

這些挫折都是因為你腦海中「小聲音」，不斷鬥爭所產生出來的。

在你自貶身價——「我不夠重要」這個「小聲音」，和內心真正想要有一番作為的這兩者之間，你會開始感受到挫折。因為在你內心深處，你知道自己命中注定將會擁有美好的事物，因為這種感覺是發自內心最深處的……。

但是，不斷和自己抗爭終會令人感到疲倦——因為你會不斷聽到別的「小聲音」跟你說：「我們必須處理當前最急迫的一些事。我們不妨晚點再去做你想做的事情。」因此，結果就是你不斷提高眼前事物的價值，而非自己這輩子應該去追求的目標。

請你想想看：

如果你不是命中注定要有所成就，那麼你就絕對不會擁有夢想未來的能力。

沒錯。你**的確**有機會可以看到自己所夢想的未來。你曾無意間體驗過驚鴻一瞥的感受嗎？你認為這是從何而來的呢？而你又認為，未來是如何被創造出來的？事實上，這全都是因為你自己！！

你一直擁有創造自己未來的能力。這是與生俱來的本事。也就是為什麼你會感覺這麼疲倦、挫折甚至憤世嫉俗的原因，因為就是你一直不斷地讓別人來為你決定自己的命運！

喬・西瑪堤斯（Joe Zemaitis）是我兒子的游泳、跑步教練，一個非常有為的年輕人。他是一個世界級專業的三項鐵人運動員，經營數個游泳隊，同時還在全球各地到處跟青少年演說，鼓勵他們勇敢成就心目中的自己；他也是那位八歲的游泳選手，創下從惡魔島橫渡海峽游到舊金山最年輕游泳選手紀錄的教練。在我和其他教練不斷督促和鼓勵下，喬終於出版了一本非常棒的書，書名是《喬的規則》（*Joe's Rules*）。這是一本藉由運動，鼓勵每位少年如何發掘自己偉大之處的好書（無論他是否有運動細胞）。

其中有一個規則，就正好張貼在喬的床頭上：

「許多人經常失敗而非成功，
這是因為他們會為了眼前的事情而放棄了自己真正想要的事物。」

每天清晨四點鐘，當他必須起床開始進行例行性的自行車訓練時，在他內心還是會有一部分自我希望能夠繼續賴床。但是，若讓這種「小聲音」獲勝，也就是賦予繼續賴床更高的價值感時，他就絕對不會有機會在下次的三項鐵人競賽中獲勝。

他常用來惕勵自己的另外一條規則，則是四處張貼在他家的四處：

「在這世上的某一個角落，有個人正趁著你偷懶時不斷地練習，而當有一天你遇見他的時候，你肯定就會被他打敗了。」

藉由規律的練習，你就能在自己思維中，自動地賦予最終目標更高的價值，無論這個目標是要——贏得三項鐵人競賽、寫一本書、減重、累積財富、創業、培養絕佳人際關係或提升自己家人的生活品質等。

不斷重複就能定型化。如果你不斷地在工作上投入過多時間、需要回撥太多的電話、寧可跟朋友出去鬼混，也不願早點回家去和另一半共處，那麼你其實就是在不斷地定型化自己的阻力，剝奪你擁有更卓越的親密關係。至於為何會發生這種事？當你不斷重複跟朋友出去鬼混、在酒吧多喝一杯這種事，你就會在這件事上注入更多的價值。而這結果便是，你將會開始覺得這種事情的重要性與價值，遠遠超過你長期以來一直渴望培養的家人情感、家庭溫暖等需求。事實上，你正在不斷地定型，讓自己習慣於在別人身上投入更多價值，而非關注在自己一直渴望追求的夢想上。

你為何一直無法實現夢想？這是因為「整理衣櫃」或「回撥電話」——在當下比你的夢想被賦予更高的價值。

那些橫亙在眼前的事物的確非常誘人，而這其實是你自己本身賦予這些眼前事物極高的價值，甚至大大凌駕你未來或長期夢想的價值所導致。至於是為什麼？原因在於你被自己的「小聲音」說服了：「你現在就值得做這件事，夢想這種事情以後再說，更何況…你原本就不一定能完成夢想。」

請容許我用另外一種方式來說明。

佛烈德是一個極成功，美國塑身中心的創辦人，他曾跟我提過一個非常棒的故事，這個故事正好跟我們現在的主題有關。在他剛開始創辦自己健身事業時，有一位女性客人因為體重過重而罹患多種疾病。佛烈德打算推薦她一套非常簡易的塑身套裝行程，其中包含了極容易做到的飲食、運動和生活習慣等計畫。就算是門外漢，也能知道這位女士若不立即採取行動，肥胖必定會危及她的生命、健康！

但是，這位女士宣稱她無法負擔一個月四百五十美金的塑身計畫。她說這套計畫「太昂貴了」。佛烈德嘆了一口氣、看了她一眼，然後將眼光移向窗外，並將這位女士的眼光一併導引到停在店門口，閃閃發光、車身相當流線型的賓士敞篷車上。

佛烈德問她：「妳想不想擁有這樣的車子？」那位女士聽畢後臉上露出笑容說：「當然了，但是……」

佛烈德當下立即打斷她的話，並且繼續請教她，問她認為這部汽車價值多少錢？這位女士猜說大概在八、九萬美金之間。佛烈德說她猜得很準。接著又說：「如果我跟妳說，妳只要用六千美金就能擁有這一部汽車，妳會把它買下來嗎？」這位女士開懷大笑說：「當然毫不考慮就買了！」結果，佛烈德拉下臉來並且非常嚴肅地直視著這位女士：「妳願意以立即付我六千美金來將這部賓士車開走，但卻不願意付出四百五十美金來讓自己獲得重生。這就是妳現在的意思嗎？」

不用多說，這位女士立即買下了這一個套裝行程，後來也恢復苗條的身材。佛烈德開始打造偉大的塑身連鎖企業。他個人非常清楚，很多人賦予自己的未來和夢想過低的價值，卻對眼前的生活給予過高的價值。這是因為立即的回報，通常能立即地讓**自己的**自我感覺良好。

請你想像，如果我在你面前擺放一個裝有一萬美金現鈔的紙袋，然後告訴你，你可以選擇將這個袋子立即拿走；又或者，你如果願意每週五天，每天運動一個鐘頭並且控制飲食，那麼在六個月後，我將付給你一萬五千美金，這時你會怎麼選擇？一萬元獎金的確很誘惑人，我相信大多數人也會選擇立即擁有現金，而不是在未來擁有更佳的健康以及更多在金錢上的努力。這是為什麼呢？

如果你缺乏自信心，你這時就會想盡辦法讓自己在當下的感覺好一些。這就是心生阻力或抗拒心的根本原因。這對我而言也是兩難的選擇——我甚至有可能選擇一萬元現金。為什麼？因為這些錢能立即讓我感覺好過一些。但是如果我非常尊重自己，我就會說：「謝了，我決定要選擇一萬五千元美金，因為我還想要多活十年。」換言之，唯有具備高度自信和自制能力的人，才有辦法做到。

這番話的意思，並不是說如果你嚴重缺乏自信和自制能力，那麼你就沒救了。這番話的目的是在單純地表達，就如同上一章的內容一樣，如果你能培養出超脫自身的能力，客觀觀察自己的行為並且說道：「等等！我正在貶低自己的身價！這就是為什麼會產生抗拒和阻力！」這時你就會開始在人生的遊戲中獲勝，並且開始學習管理自己的「小聲音」。

我建議你坐下來，列出一張清單，描述自己五年甚至十年後的自己。如果在最理想的狀況和環境下，你最想要成為什麼樣的人物？

- **你想要成為什麼樣的人？**
- **你想要擁有什麼樣的事物？**
- **你想要獲得什麼樣的成就？**
- **你想創造什麼樣的事物？**

不知道你的答案是什麼？現在請你列一張清單，把它們全部寫下來。而當你在列這份清單的時候，不知道自己腦中的「小聲音」又會說些什麼風涼話？

請你特別留意，當你在寫這張清單時，所有冒出來的「小聲音」。

留意這些嘮嘮叨叨的「小聲音」或許在不斷地正當化，解釋你為什麼一直不在這些事物上付出心力。例如說：「我的時間不夠」、「我等會兒再做」又或者：「這只不過是個無聊的夢想而已。」你很有可能會在這些對話中找到一絲共同之處，一種不斷貶低自己能力的「小聲音」。所以，請你再為自己剛剛腦海中出現的所有「小聲音」，列出一張清單來。

沒錯……把它們寫下來吧。留意這些「小聲音」是否曾對自己擁有很大的影響（或者不會）？很有意思吧！

你有很棒的天賦可以貢獻給他人。誠如古人所言：「擁有天賦才華而不願意分享，這就是一種貪婪。」當你不充分發揮自己的潛力，你不但是對不起自己，你同時也會讓許多「鬼話」的想法阻礙你發揮才能、成就自己的夢想，錯失造福他人的機會。就技術上來說，你同時也在背叛其他人！

地球上六十多億人口，每一個人都有能力做出特別的貢獻。我們不一定非得要發明癌症特效藥、拯救地球，或創造出資本額上億元的大企業才算對世界有所貢獻。但是，我們都能藉著自身獨特的天賦才華而有所貢獻。你的職責就是在這一生中，將它發掘出來並且發揚光大。這樣的認知一直在驅策我。如果你能暫時跳脫自己，誠實看待這件事，我相信這種想法也會對你有所激勵。可是，如果你不斷貶低自己，不相信自己值得或擁有能力，那麼你就會創造出各種不同的抗拒和阻力。

現在的社會中，尤其是西方以及先進國家，我們不需付出什麼努力就能獲得極高的享受。我們越來越不用擔心如何餵飽家人、如何避免餐風露宿或是如何得到醫療健保。我們有政府、學校、家庭……等機構提供諸項服務，而我們竟然也將其視為理所當然。我相信最近二、三十年來，我們判斷實際價值的能力，真是大大退步了。

這也就是為什麼那些從事業務的人們所面臨最大的障礙，就是別人對價格方面的異議。人們先入為主地以為，價值其實都是相等的，只願意去單純比價並追求最便宜的價格，而不去評估其真正的價值。這是因為他們已經習慣享受甚至大過付出。我們的生命是這麼富足，根本不需努力工作就可以擁有許多事物，同時享受不須支付分文的許多好處。隨著新舊世代的遞嬗，這種心態好像越來越普遍。

跟你自己小時候比較，想想自己的小孩現在有多富足。正因如此，我們失去了判斷事物真正價值的能力。這就是為什麼在銷售時所面臨的最大異議就是價格問題。但是，真正的問題不在於價格……而是價值。

對許多人的曾祖父那一輩來說，生活根本不是現在這個樣子。那時為了真正具有價值的事物，人們會不計代價、拚了命地透過工作來攫取。我的曾祖父當時身無分文，但是因為他移民美國，因此他就靠自己想盡辦法來做到。他並沒有讓自己的「小聲音」告訴他「太貴了、我付不起」，他是這麼地重視自己的自由和家庭，希望能擁有更美好的生活，因此想盡辦法離開東歐。他犧牲了所有的一切。當他終於到達美國，他還真的是用肩膀扛起麻袋，在紐約街頭擺路邊攤賣地毯，拚命掙錢直到把全家人通通接到美國來居住為止。

你現在還會看到這一類的事情嗎？你有沒有聽過那些非法越過美國南部邊境的人潮，想盡辦法地湧進美國工作，只為賺錢餵飽自己的家人。但是，對那些日益富饒的人們來說，他們幾乎完全失去評估價值的本事。這就是為什麼他們只懂得看顧價格的原因。（如果你是從事業務工作的人，千萬別怕！還是有辦法可以迅速克服這個問題。請你造訪www.salesdogs.com來獲得更多資訊。）

其中最令人悲哀的不光是失去判斷產品、服務或商品價值的本事，而是失去判斷自己本身價值的能力。你現在可以看到創造Youtube的年輕小伙子如何為自己賺進幾十億美金。你也可以看到〈美國星光大道〉（*American Idol*）的獲勝者名揚四海。但是請你別忘了，這些都是極為特殊的個案，**並非常態**。如果不留意這一點，你將會曲解自己的價值，並且看輕那些創造非凡事業、擁有豐厚收入、妥善照顧家庭和人際關係的人們。畢竟這些人的成就，可都是憑藉著一磚一瓦慢慢累積出來的，因此，你也一定可以做得到。

這種思維最危險之處，就是你學會了如何貶低自己的價值！對任何拿起這本書的人來說，請你務必記得一件事：

你的內心存在著一位非常特別的人，
你擁有非常重要的特殊天賦，而這正好需要和大家來分享。

如果你能每天挑戰這個「小聲音」，總有一天，你就會堅信自己的確擁有無與倫比的價值。

這麼一來，你就完成那本書、建立那個企業、扶持那段親密關係並讓自己充分發揮潛力，成為心目中的理想模樣；從此不用再拿自己跟任何人做比較，因為你將不再有矮人一截的感受。

我個人從事教育訓練已近三十個年頭，我可以告訴你，在我的課堂中，學員們會發生什麼樣的事情。他們坐在台下，看著台上的人分享自己如何創造財富、實現自我的同時，他們心中也會立即找到許多藉口和理由，藉以解釋自己為什麼無法成就夢想——亦即無法成就自己心目中的理想。至於「小聲音」最常用的藉口就是：「聽起來很棒，可惜我的狀況**和別人不同！**」你是否也曾聽過這種說辭？

有位從紐西蘭來的年輕人，他曾上過我的課程，而當我問他：「你覺得課程怎麼樣？」的時候，他回答道：「你知道嗎，當我坐在這裡聽你和其他人在台上演講，我真的相信你們這些人都非常成功。我知道這是真的，你們也的確做到了。」

我感覺到他話中有話，因此我不斷地鼓勵他繼續說下去。他說：「我環顧四周，觀察其他的聽眾，我認為他們應該也可以追隨你們的腳步，進而獲得同樣的成功。」

我問他到底想說什麼。他表示：「可是，我的狀況不一樣。我需要面對很多個人的問題，因此我不確定自己有沒有辦法做到。」

根據我多年教育、培訓、輔導、經營企業的經驗，我可以告訴你，對於絕大多數的人來說，這就是最普遍而且最差勁的一種「小聲音」！這就是為什麼在每次的培訓課程當中，只有少於百分之五的人會在回家後真正應用課程於自己領域中的道理。這是因為藉由「我的狀況和別人不一樣！」這一句話，就會產生許多藉口或理由，藉以包庇自我懷疑以及本身被貶低的價值。

請你了解……你的狀況與別人並**沒有**什麼不同！你跟別人之所以不同，是因為家庭的問題？曾經失戀心碎過？財務遭遇不幸？不好的人生經歷？挫折與失望？或是不為外人道的黑暗過去？奇怪，為什麼我會知道這些事情……嗯？這是因為我們每一個人**都有**這些經歷。這不過是你腦海中的「小聲音」在作怪，拚命強調自己不如他人，藉此為自己缺乏成就而辯護的藉口。

這根本就是**說謊**！這只是你自己的「小聲音」在產生阻力和抗拒心！

這就是我存在的意義。我向來從事的工作，都是在讓人重新找回自身價值。我可以看見這些人內心的價值，其實很多人也都能看出別人身上的優秀特質。但是，我們就是看不見自己本身的價值。我們的「小聲音」也許是為了保衛自己、為了生存或避免再次失望、傷心等，但是無論什麼理由，它早已經被定型化了。至於它為什麼會冒出來，理由其實並不重要。

我的工作、你的職責，還有任何身為領導、父母、朋友或教練的責任，就是要能看出別人的優點，發掘他人的才華，讓它發揚光大，同時還要讓他本人親身體會。

一旦你能瞥見自己的才華，你將立即重拾自己本身的價值。

然後，你就會動手去完成那本一直想完成的書、減去一直想要減掉的體重、累積自己夢想中的財富，或強化自己生命中重要的情誼關係。

但是這一切唯有在徹底了解**本身**價值後，才有辦法讓「小聲音」放下所有的負面垃圾。唯一的抗拒和阻力來自於你不相信自己的價值，自己沒有才華可以貢獻他人，或是根本沒人想要聆聽你所想說的話！

因此，當你看看現在的自己，再想想自己將來想要成為什麼樣的人時，當中總是有那麼一個鴻溝存在。但是，大自然非常討厭空隙，一定會有東西冒出來填補這個鴻溝。那又會是什麼呢？無非是打掃空間、整理櫃子、撥打電話、處理雜事或多睡幾個鐘頭的覺。只是我們為何會用一些瑣碎的小事來填補這些空隙，則是因為我們慣於把眼前這些芝麻蒜皮的小事看得比自己還要重要。這只是你的腦袋在玩弄自己的一種花招而已。

沒有比發揮天賦、才華和才能，在自己的家人、親友、社會或工作上更重要的事了。
確實沒有比這更重要的事情，這就是為什麼你會降生在這個地球上——你就是要有所作為！
而非單單只是佔據一個空間而已，
你是來替某些人解決問題的。
你就是要來讓一些人的生活過得更加美好。

讓證據自己說話！如果你天生注定要孤獨，那麼上帝、神明或者老天爺（不管你信什麼）就不會在地球上安排六十多億人口。很明顯的，我們人類**本來就應該**要互相依存並且支持別人。假設我們所有人都會自我懷疑，並把他人看得比自己還要重要，那麼可預期的是，我們每個人都將會淪於等待別人動手來將事情完成的窘境。

那些毅然採取行動、萬中選一的人們，自然而然地會成為領袖。而這其中有些好領袖，也有壞的領袖。但是這群人堅信自己應該有所作為，願意鞭策自己清晨四點鐘就起床、實現理想。他們內心認定自己的所作所為深具價值，遠遠超過賴在床上的收穫。他們重視自己的天賦才華、看重自己，不但重視自己的使命，並將自己當作完成這個使命的特使。有時候，他們下的是一種有意識的決定，有時則不見得。但是無論如何，這一切都會有實際的結果產生。

我敢斷言，任何一位拿起本書閱讀的人都是領袖，因為若非如此，你是不會拿起這種書來閱讀的。因為在你內心的某部分或是心理的某一個層面促使你拿起了這本書，因為你知道在你內心存在著一個更偉大、更優秀的你。有關這一點，我完全堅信不移。

富勒博士曾經提過「勉強糊口」和「盡一己之責任」兩者之間的差異。他說：「小蜜蜂犯不著『勉強糊口』。牠很單純地做著牠原本份內就應該要做的事情。牠遵從自己內心「自發性的驅策」去做事。」

假設我們身處的世界，每個人都能克盡天職，並且熱愛自己所從事的所有事情，那麼這個世界會是什麼樣子？

單純地去做自己內心自動被呼喚要去做的事。那些讓你自然而然地感到興奮、讓你天生就充滿好奇、為你所熱愛、就算未支薪也會願意去做的事（這裡講的是放長假以及休閒活動之外的事物！）。

這將是一種不可思議的事情。也就是為什麼許多企業和我們企業教練們配合時，都能在極短時間內獲得碩大成果的原因。這是因為我們擁有經過特殊設計的程序和步驟，用以專門引發人們天生的本事、能力和才華。

唯一存在「大我」和「小我」之間的鴻溝，就是你認定自己到底具有多大的價值？至於這個鴻溝將成為你的阻力或者是加速器，結果則完全由你的「小聲音」來決定了。

第五章
自信：重新喚醒內心的英雄

藉著精通「小聲音」的管理技巧，你就有能力不斷提升自信心。

每次教導銷售與溝通時，沒錯，良好的溝通技巧固然是關鍵，但是**擁有自信**卻更加重要。因為你必須跟獲得的訊息匹配——換句話說，就是要言行一致。當你在向別人介紹自己時，溝通時的所有面向皆須一致，必須完全地相容與協調。

如果你想要成為一個教練，但你卻超重四十多磅並且老是叼著香菸，那麼你跟自己所傳達的信息便不符合。「表裡一致」的意思就是你全身都在總動員。你的腦袋、心智、身體、情緒、精神等等——全部匹配並且完全一致。

沒有比拚命宣揚連自己內心都不相信的道理更糟糕的事情了。如果你告訴別人：「我非常有自信，這個東西一定會有效！」但你卻又對自己所說的這句話完全沒有自信（說服力）的話，那麼這個破綻必定會從你的語氣和舉止中顯露出來。進而影響你的行動。或許從你嘴裡確實有講出一些話來，但是如果你缺乏自信，那麼你想要擁有說服力將成為一件非常、非常高難度的事。

這就是為什麼在人生各個階段中，最重要的銷售就是先將自己賣（出售）給自己！

而自信就是由此產生。當你完全相信自己所陳述的內容，那麼你才**夠資格**闡述這些內容，也具備信譽，同時對自己所講的內容充滿熱情，那麼在這種語調充滿自信的狀況下，你就能徹底地與任何聽眾或對象進行有效的溝通。當你這麼做時，必定能將同樣的信心植入他人心中。因此，當你在與任何人溝通時，你的自信心（或者缺乏自信心）幾乎會立即以潛意識的層面傳遞出去。你或許曾經擁有這種經驗：覺得從某人嘴裡講出來的話都很有道理，但是偏偏你在腦海中同時也會這樣想：「好像有一點不太對勁……。直覺告訴我這個人根本搞不清楚自己在說些什麼？」而你之所以會這麼想，原因可能便是因為台上這個人**對自己的**信譽或可信度，並不具備足夠的自信心。

我在澳洲雪梨認識了一位卡車司機。他曾參加我們的「銷售與領導兩天課程」，而且深信自己的人生絕對不只如此。當課程結束後，他很快地募集到三千萬澳幣來資助自己的第一筆不動產開發專案！如今，賴斯（Laz）已是一位千萬富翁，並且習慣用放大格局來看待一切事情……亦即恢復**他自己**心靈本然的思考狀態。在這堂課程當中，唯一發生的事情就是他在一剎那間體驗到內心真正的自己。也就是因為這個驚鴻一瞥，讓他大大提高自信並且放下了一切阻力。

日後，他告訴我說，他再也無法回頭從事一些他過去習慣的事情。他說：「我已經無法再用小鼻子、小眼睛的格局來想事情了。我不再是那種人！」

這些事情都跟我們在上一章所討論，有關自我價值認定很有關係。追根究柢來說，你若不珍視自己，那麼你絕對不會擁有足夠的自信來迎接更大的格局。

因此，現在的問題就變成是：要如何培養自信心？這個問題的答案遠比你想像中的還要簡單。一旦學會培養自信，那麼你就有能力去避免自己被說服，而不願去從事一些有益的事情。至於應該怎麼做呢？其實最簡單的方法就是——藉著不斷地重複，來達到這個目的。

重複的次數如果夠多，
那麼你的自信心就會藉著不斷重複累積的經驗，自然而然地提升。

讓我拿小時候學騎腳踏車這個老掉牙的例子來看，你或許還記得當時自己是多麼地緊張，連人帶車搖晃地多厲害。或者回想你在教孩子騎腳踏車時的情景吧。有些小孩子一騎就會，但是其他的小孩則是需要更多次的練習才行。當他們練習的次數越多，他們就會越有自信。嘗試任何新事物也是同樣的道理。

人之所以缺乏自信，全是因為自己在害怕那些未知的事物，或害怕自己無法有所成就。換句話說，如果我從來不曾賣出任何東西，那麼我就不會在銷售經驗上擁有什麼自信。如果我成交的次數越多，那麼我在銷售領域中所擁有的自信就會越來越高。但是，假使我接觸了一項全新的產品或換了一個新上司，雖然多年來與原來老闆持續打交道的緣故讓我充滿自信，但是卻又因著現在來了一個新的頂頭上司而開始揣揣不安、內心忐忑不已；再者，因為缺乏相處的經驗，所以更加沒有充分的自信，認定自己能夠跟他打交道。所以，缺乏自信就是因為缺乏實際經驗而來的。很明顯的是，若想恢復自信，那麼就得依靠不斷重複累積大量的經驗才行。

那麼應該怎麼做呢？首先，就是要把自己擺在第一線——而且必須經常如此！如果你想要在游泳、談判或創業等領域當中累積更高的自信，那麼你就必須走出去，大量地**親自動手**才是。

基於同樣的理由，另外一種建立自信心的方式，就是藉著不斷重覆練習、實地操作以及透過角色扮演來培養。在**「富爸爸銷售狗」**（SalesDogs）的公司中，我們經常要練習「異議的處理」和「電梯自我介紹術」，透過不斷地一而再、再而三地重複演練，直到你已經對它沒有什麼特別的感覺才行，這時你就才得以在真正的公眾場合中，很自然地將它運用出來。在這種狀態下，幾乎可說是變成了一種本能反應。此時你的自信心就會自然而然流露出來。這種方式雖然非常簡單，但是你必須經常練習才行。

至於那些缺乏自信的人，問題癥結通常在於他們會讓「小聲音」拉開嗓門，透過各種繁雜的思緒來轟炸自己：「你根本不曉得自己在說什麼？你不知道自己到底在幹什麼？這不是你擅長的事情！你從來沒有做過類似的事情。你憑什麼認為這次你能夠辦到？」等等……。藉著不斷練習和演練，你可以讓這種「小聲音」徹底**閉嘴**。

另外一種建立自信心的方式，就是直接叫**所有**那些告訴你「不能這麼做」的「小聲音」閉嘴。每當你對這種「小聲音」喊「**停！**」的時候，緊接著你往往就問自己：「這件事我究竟能學會嗎？藉著不斷重複練習，我是否可以累積出更多的自信心？」實際上，這麼做絕對有助於維護自信心。

但是還有另外一種非常重要的方式，可以用來培養自信心，這種方式一般稱之為「**浸淫**」。你雖然會在學習語言時聽到這種模式，但是它的原則都可以運用在各種領域之中。總之，「浸淫」就是把自己深深投入你所想要精通的某種技巧或技術中。舉例來說，如果你想要學講西班牙話，那麼就住到墨西哥去，因為光是應付日常生活就能迫使你迅速學會這種技能。換言之，你若想要學會打銷售電話，那麼就試著拚命打一堆銷售電話便是……。

讓自己深深地投入其中，而且是越迅速越好。你或許不一定會成功，但你至少會因此累積到大量的經驗。

你也可以在游泳池來回游上五十趟，藉以增加自己每一趟的速度；或是透過揮出三百多顆高爾夫球來增進自己的揮桿技巧。

在這麼頻繁的活動中，你根本已經忙到忘了恐懼或缺乏信心這一回事，強迫自己將這些想法拋到九霄雲外去。換句話說，若把自己放在類似壓力鍋的狀況下，讓自己不斷受到這種大量經驗的轟炸，那麼你就沒有時間去跟自己爭吵；因為這時的你，正完全處在一種生存模式中——這時的你，根本無暇顧及自己是否擁有（或缺乏）自信心。

舉例來說，你站在一個非常陡峭的山巔上，雙腳穿著滑雪雪橇。你的信心開始動搖……。但是，當你**開始**向下滑，這時的你是否具備信心已然無關緊要。你當下唯一的顧慮就是如何活下去。直到你終於滑到山腳下，你將因著自己的成功而充滿成就感。此時，你將會對下次的嘗試更具信心。屆時，當你再度嘗試滑下同一個山坡時，感覺上就不會比前一次來得困難。

人之所以會擔心缺乏自信，通常是你在進行某項挑戰前的行為……，而非正在進行的當下發生。

這時的你，肯定是在想盡辦法來讓自己安全地滑下山坡，否則你將很可能會受傷。從商創業也是同樣的道理。談判若已進行到一半，這時你根本無暇顧慮自己是否擁有足夠的自信心或可信度。你非得在當下完成任務不可。你必須懂得隨機應變並且竭盡所能地達成任務。

讓自己深深地投入其中，並且是越快越好。你或許不一定會成功，但至少你會因而累積到大量的經驗。當你專注於手邊的事情時，光是完成任務的那層壓力，就會把自我懷疑的「小聲音」徹底趕出腦中。你根本無暇擔憂，因為必須完全進入狀況並且更加機靈才行。自然而然地，你的整體感官靈敏度就會提升，並且更因著這份專注，缺乏自信心的問題就會迎刃而解。

自信心是藉著不斷累積經驗而獲得。

此外，還有一種人為方式可以幫助你在腦海中植入自信心。你或許會認為這種作法太瘋狂，但是它的確很有效。這種「小聲音」的管理技巧，我們把它稱為「**自吹自**

擂」或是「吹牛」。信不信由你，這是一個既有效並且易於操練的肢體練習。接下來就讓我為你介紹它的作法。

首先，請喚起你過去曾經體驗過成功的時光。緊接著再走到一面鏡子或另一個人面前（這個人最好事先知道你接下來打算做什麼……），然後，開始講述在當下你有多麼成功與偉大，並且試著描述這場豐功偉業。就算不是實話也無所謂。這屬於一種實際的演練。事實上，在這個過程中稍微扯點小謊也不為過！你可以站在桌面上、雙手捶胸、揮舞雙拳，竭盡所能地利用肢體語言來讓自己進入絕對自信的狀態。

這其實只是在跟自己的腦袋玩花樣罷了。你如果大聲地、確實地、連續地在三十秒的時間內，利用肢體語言來進行訓練，這時你就會開始感覺到腎上腺素正在分泌中……。在這種狀況下，你各方面的自信心必定會大大提升。總之，你必須先**感受到**偉大——才有辦法成為偉大的人物。

你的「小聲音」可能已經開始在說：「這個主意簡直太荒謬。你這下臉可丟大了。這麼做到底能夠產生何種幫助？」我有一位導師曾經跟我說過，這個「小聲音」就是住在自己內心深處，對你自己最殘忍的「兇手」。其實，光憑你會產生這種「小聲音」的觀點來看，就足以代表你相當需要這種類型的練習。

最後一種可以喚醒自信心的練習，也是我們在課程中經常傳授的技巧，我們通常稱之為「**仿效**」。仿效指的就是無論在身體、心態和情緒上，我們都要徹底模仿另外一個人的狀態。簡單地說，你只要模仿一些擁有充分自信的人們即可！在課程中，我們會讓學員們仿效一些能夠展現絕對自信、勇氣和果敢的人們，例如約翰·甘迺迪、金恩博士、甘地、艾迪墨菲甚至亨利五世……等英雄豪傑們。你可以自行尋找一些榜樣並且透過不斷地仿效——他們的演說、行為以及思維模式等等。

並且試著問自己：「我若是亨利五世，我會怎麼做？我會說些什麼？又會怎麼表現？」藉著把自己融入另外一個角色中，至少你在這短暫的時間內可以利用人為的方式來擁有像他們一般的自信心。如果你堅持不懈並且不斷重複，直到最後你將會發現，自己內心的感受確實會逐漸開始跟那些真正擁有自信的人相仿。

到了這時你就等著瞧吧！因為你確實會讓自己體驗這種類似充滿自信心的經驗，所以你自然就能逐漸培養出自信。

但是你知道「仿效」其實還有其他的奧妙處嗎？因為這根本就是對付自己大腦的一種詭計，問題癥結其實在於**你自己的**自信心！就算你是在模仿別人，但是湧現的自信心畢竟還是源於**你自己**！這無異是利用別人的力量來喚起自己內心潛力的另外一種方法。

有個古老的童話，故事內容講的是：在很久、很久以前（也就是所有童話故事發生的年代），有位年輕人為了觀看池塘裡的小魚而彎腰低頭，結果他看到自己映在水中的倒影。他十分震驚於自己所看到的倒影。他無法相信自己的臉孔是這麼的醜陋，他感到非常羞愧……，因此，他就像大多數為此煩惱不已的年輕人一樣，前去尋求神仙教母的協助！可惜的是，神仙教母能夠給予的幫助有限。她給了這位年輕人一個面具，而這個面具戴起來就跟真的臉孔一樣。她警告年輕人，絕對不能將面具脫下，也不能再照鏡子。而當這個年輕人帶上面具之後，由於面具非常英俊，其他人根本分辨不出這根本不是他的真面目……。許多年過去，這位年輕人一直帶著這個面具，而這位年輕人的英俊臉孔以及善良的心，也為他留下諸多好評。

多年後，這位年輕人遇見自己的夢中情人並且想開口跟她求婚，但是他不想隱瞞自己這個不願為人知的祕密。經過一段時間的煎熬與考慮，他決定告訴她這個跟面具有關的祕密。而當這位年輕人準備要將祕密透露給未婚妻時，他警告她說，自己真的不希望她被這副醜陋的臉孔嚇到。經過幾番遲疑之後，他毅然地摘下這個遮掩著自己真面目已經許多年的面具。當他將面具拿下來時，他的未婚妻竟然倒吸一口氣說：「怎麼會這樣？你的臉孔根本就跟過去一樣，完全沒有差別！」孰不知這麼多年來，這位年輕人早就成為自己心中一直渴望的樣子了。

自信心也是同樣的道理。如果你不斷地戴著它、練習它、仿效它、不斷地一而再、再而三地重複，那麼你終究會成為（擁有）它。

因此，自信心跟你原本的能力或以往的經驗並無絕對的關係，它倒是跟「相信自己」並對**自己**深具信心有關。你一定要信任自己。或許有很多事情你不了解——例如商場上的談判技巧或是跟另一半經歷一些敏感時刻——但你仍要相信自己有能力面對未來任何的狀況，因為你打從心底知道，自己一定熬得過來。

你知道嗎，當你回顧自己以往的經歷，你或許從未讓自己失望透頂過，你一向就是有辦法撐過那些難關。你每次都熬過來了。有時是你獲得勝利，有時則是你把事情搞砸了。但在絕大多數的情況下，你都從中吸收了寶貴的經驗。無論如何，你都成功地想出辦法，讓自己走過那些艱困時刻。

自信心的最高表現是，就算你在當下懷疑自己獲得成功的能力，但卻仍然相信自己具備能力克服挑戰。你知道自己一定會讓事情有所變化，並對自己充滿信心。你也知道自己必定會從中**學到東西**，相信自己具有臨機應變的能力。那麼，這究竟要怎樣做才行呢？

有種方式就是——回顧自己以往的經歷。如果你正面臨極大困境，那麼請你回想自己**曾經擁有**哪些成就。仔細檢視那些跟現在困境類似的各種事件。當時發生了什麼？哪些做法是行得通的？而又有那些做法完全行不通？把它們通通寫下來！你曾在哪些方面獲得什麼勝利？你將會發現在這許多事件當中，或許以前是被你忽視了，但是無論如何，你卻早已從中累積了相當令人激賞的實戰經歷。

許多人在面臨生命上的挑戰時，其實都具有相當的處理能力。一般說來，絕大多數的人都有能力把事情做好。唯一會打擊你的就是存於自己腦海中的「小聲音」，因為它們習慣說些：「你辦不到的啦。你懂的不夠多。你缺乏自信心。」而這些話其實全是胡扯！

如果你不斷地戴著它、練習它、仿效它、一而再、再而三地重複演練，
那麼你終會成為（擁有）它。
而這就是培養自信心的王道。

你終其一生都在不斷地訓練自己，訓練自己如何在當下採取行動。因此，最好的解決辦法就是迅速進入狀況，至少你必須將自己完全浸淫在事情當中，藉著重複訓練來累積大量的經驗。更進一步地說，一旦開始採取行動，你自然就會被迫壓制自己腦海中的「小聲音」，讓自己相信只要「竭盡所能」，就有能力完成當前的挑戰。

換另一種角度來看：除了極少數的狀況外，你其實是絕對不會死掉的。畢竟你不可能被活生生地吃掉，你肯定會沒事的；而在最糟糕的情況下，你也將會學到許多寶貴經驗。

先利用「小聲音」的管理技巧，接著讓自己心理和行為完全合而為一，就得完全仰仗自己的自信心了。假使當你在從商、談判、銷售或進行溝通時還缺乏自信心，這幾乎會立即被對方察覺到。很不幸的是，別人可能會把它解讀成為一種軟弱的象徵。

雖然我很想說，（自信心）沒有什麼了不起，但這其實還是至關重要的。

就算是秉性最善良的人，
也都會習慣去佔盡那群缺乏自信心的人的便宜。

如果你非常想要從裡到外培養自信、對自己坦誠，並且在生命、事業、人際關係、創造財富的能力、家庭關係等領域中獲得更大成就……那麼就請你認真地運用下列幾個步驟：

◆千萬不要說服自己去逃避一些對自己可能有所幫助的事情！就算是自己非常不習慣的事，也不代表對你沒有幫助！
◆藉著角色模擬練習以及實際操演，不斷重複那些經驗來累積自己想要培養的自信心。
◆練習克服那些會阻礙你進步的各種異議。自己面對鏡子或跟朋友在一起，甚至在真實生活中不斷練習。
◆讓自己完全浸淫在目前手上的案件、任務或事件中。讓自己盡量地深深投入，並且是越快越好。

◆仿效你認識並且尊敬的榜樣，一位擁有自己想要培養出來的那種自信心的人。

遵照以上這幾個步驟——你甚至還可以站在椅子上捶胸脯咆哮，並且大聲地向全世界吹噓自己的本領與豐功偉業。當你注意到自己的能量開始提升時，你的自信心也會隨之增長。更何況，能量高的人一定有機會獲得最終的勝利！

能量高的人，一定會獲得最終的勝利！

我曾聽別人說過：「自信心？這不是別人才會擁有的東西嗎？」現在的情況已經完全不同了。你一定做得到。你可以擁有自信心。當你一旦得到了……別人也就會開始對你深具信心。

第六章
表裡如一：用「率真」贏得一切

當你打算在特定領域中發揮潛力，那麼那些看來最成功、**最**具有影響力、擁有最佳人脈關係、能夠賺到最多錢的人們，通常就是那些**最**真實的人們。

我所謂「真實」的意思是說「如你所見」。這種人說話不會有所保留，他們向來非常率真，服膺極高的誠信原則，同時也努力做到對自己誠實，他們這種行事作風就叫做**表裡如一**。「表裡如一」的意思是說，你從未在扮演任何其他人——例如你的母親、父親、老師、牧師或朋友們希望你成為的那個模樣。你就只是單純地在做真正的自己。

如果這件事情是這麼簡單就可以做到，那麼我們早就通通都能擁有絕佳的事業、完美的家庭、超額的存款以及毫無瑕疵的健康。而妨礙你成為一個坦誠、表裡如一的自己，你所可能面臨最大的障礙其實就是，當你的「小聲音」開始擔心別人眼光的時候。

絕大多數人心中的最大恐懼，就是在別人面前丟臉。

在上一章裡我曾說過，人們最大的恐懼就是害怕自己在公眾場合丟臉，有些人甚至把它看得比「死亡」還要嚴重。他們非常害怕自己在別人眼裡看來像是個傻瓜。很多時候，這就是唯一會妨礙你「表裡如一」的理由。但是，當你真正在做自己，我相信這也才是絕大多數人真正想要的，因為這時你才有機會完全發揮上天賜給你的力量，成為你所想要的自我。這時，你自然能夠發揮出自己的最大潛力了。

「小聲音」管理技巧之所以具有如此的威力，是因為它能促使你理解並體驗到真正的自己。我曾在前文中提到：雖然「小聲音」是自己的，但並不一定是由你自己所創造的。因為在此當中，有些「小聲音」可能是以前別人告訴你要做什麼事情，也或許是別人告訴你，說你自己應該要成為什麼樣的人，或應該要有什麼樣的舉止和行為……等等。舉例來說，我們當中有些人還是會相信男生就應該要堅強、果斷，而女生就應該非常甜美、羞澀。而到底是誰的「小聲音」在說這些話？

我有一位好朋友，她耗費了多年時間才得以擺脫一段不愉快的關係。在此容我先說明一下這段關係到底有多不愉快：她的另一半非常刻薄，每天總是會將她推到鏡子前面，並且指著鏡中的她，譏諷她有多麼醜陋。接著，他就會告訴她，她內心應該要充滿感激，因為就算她這麼醜陋，他還是願意跟她在一起。只是很不幸的，我的這位好友逐漸相信另一半所說的這些話。她開始千方百計地想要討好他，反而更讓自己在這個過程中迷失人生方向。

直到她做足了「小聲音」管理練習之後，她才開始了解到男友當時是如何地在擺布她，並且企圖將她的情緒深鎖在一個非常恐怖的地方。幸運的是，當她開始擁有控制「小聲音」的力量——不論是自己或另一半的——她果決地結束這段關係。現在的她既自由又快樂。如今，跟她交往的朋友們都非常喜愛她原來的樣子以及她本身既有的才華。她比以前更快樂，收入也比以前更豐厚，而且擁有比過去更多的精力，因為她總算允許自己完全地活出自己（順便一提……她其實真的非常漂亮！）。

無論是想要擺脫別人的凌虐或自我苛責等行為時，只要你想這麼做，那麼你就必須要能做自己。請好好想想這層道理。你若是打算與某人建立事業上或私人之間的關係，這時你是希望這位夥伴只會裝模作樣、演戲給你看，還是希望他能夠對你真誠、坦白？

舉例來說，有位仁兄到你家門口兜售屋頂防漏處理服務。他停在你家門口的廂型車都擁有合法的標註與登記。他注意到你家屋頂似乎需要整修一番，而他開出的價錢亦非常合理，甚至表示可在兩週內完成修護工程，並且保證不會妨礙到你的正常生活！這時候的你心裡可能會想：「太棒了！我就是在找這樣子的人。我不需要這麼麻煩地再去找其他廠商。他開出的價格也很不錯，而且對於保持房價很有幫助。」

但是，你自己腦海中的「小聲音」卻會開始唱反調：「為什麼他的重心一直換來換去？為什麼他經常閃避我的視線？為什麼他講話偶爾會結巴？他是在隱瞞我什麼嗎？我不想跟這種人打交道——他很有可能只是想來騙我的錢。」

這位仁兄是如此地緊張，以致於無法好好做自己。他緊張的「小聲音」讓你自己的「小聲音」也跟著開始緊張，導致雙方無法順利達成交易。

因此，你將大門關上並且錯失了一次優惠的整修方案，而這位仁兄也失去工作賺錢的機會。換言之，這位仁兄需要培養自信心，要不然就算他人再好或是看起來再怎麼老實，相信也沒有人敢去接受他所提出來的優惠價格。

許多人最害怕的就是：一旦做真正的自己，就沒有人會喜歡他。

很多人都是這麼想的：「你若看清真正的自我，會發現我展現出的是柔弱的一面，如果我告訴你自己內心真正的想法，那麼你將會看到一個充滿恐懼的爛攤子……，因此，你絕對不會喜歡這樣的我。」事實上，我們都是由一堆恐懼所組成的爛攤子。你根本犯不著去擔心這種事。多年得來的經驗告訴我，人們多半都會非常**欣賞**那些坦率、直言的人。

但是千萬不要誤會我的意思。畢竟沒有人會要聆聽你自憐自艾的故事，或是又臭又長的抱怨、甚至是私人的問題。但是他們的確喜歡一個坦率、直言不諱而且真誠待人的人。因為一旦開始面對壓力或挑戰時，他們總是希望身邊能有一個可以信任的夥伴……一個會跟他們直來直往的人。而這就是「小聲音」管理技巧當中最具威力的手段，因為它就是用來消滅你對別人看法的恐懼心理。這就是**真正你自己**時所面臨的最大障礙！

我有一位名叫金・懷特的好朋友；他是一位非常傑出的顧問和參謀。每當我在為了準備大型課程而感到慌張不已時（是的，不騙你——即便已舉辦過上千場的課程，我有時仍然會感到緊張或噁心……），我就會試著跟懷特聊聊天。**我自己的**「小聲音」有時也會發瘋似地不受控制，就跟你們任何人一樣。它會跟我說：「你根本不知道該說些什麼！你在這兩個半小時或三天半的課程當中打算做什麼？你根本沒有足夠的教材可以教！學員們一定會恨死你了！」

可是，我很清楚知道這是我自己的「小聲音」在作祟！而任何「小聲音」可以瞬間**被關閉**或被疏導，就跟它突然冒出來時一樣迅速。若我自己無力處理，那我就會找一些自己認識的人，那些知道如何幫助我處理「小聲音」的朋友們。就像稍早之前提過的一樣，金就是這樣的一個好人，還有珍・強生和亞倫・華特則是我的另外兩位貴人。在我自己的生命中確實有極少數，像這樣非常有資格（做這件事情）的好朋友。每當我面臨這種狀況時，我就會跟他們說：「你知道嗎，我的『小聲音』正在對我說一些壞話，而我卻擺脫不掉它們。」

這些人所受的專業訓練足以幫助我脫離困境。金・懷特曾在我準備一場大型演講前跟我說過一番話，這是我一輩子都不會忘記的箴言，因為它幫助我度過許多困難的時光。請容我在此分享他當時對我說的內容，因為我認為這對任何人來說都很受用。

他說：「布萊爾，你擁有一種天賦。」你現在或許在想：「這聽起來也沒什麼大不了的。」雖然在理智上，我們每一個人都知道自己擁有某種天賦，但是要在情緒上同樣**理解**並且**相信**這件事情則是另外一回事。現在正在閱讀這本書的你，其實也同樣擁有某種天賦。我已說過不下千遍，在此請容我再講一遍：

上天賦予你某種天賦才華，這也就是你必須去從事的事情！

有些人一輩子都不會去發揮這項天賦。有些人則是有機會稍微涉獵一下。但是，能夠真正活出自己，從事自己天職的那些人，就是有辦法消弭腦海中吵雜的「小聲音」——他們就是那些「表裡如一」的人。

當你的所作所為帶給你無比的快樂，同時也因此獲得許多榮光的時刻……這時你幾乎感覺不到時光的流逝，同時又非常享受時，那麼你就會知道，自己正在發揮上天賦予的天賦與才華。

當你的所作所為帶給你無比的快樂，你也因此獲得許多榮光的時刻……你幾乎感覺不到時光的流逝，同時也非常享受，這時你自然就會知道，你正在發揮自己特殊的天賦才華。

金・懷特說：「布萊爾，你會讓人們高興地接納自己！」我則反問道：「我真的會嗎？」

「是的，你會」他回答說。而我的反應則是：「我以為我是在幫助別人提升銷售的能力。」

他接著說：「你的確是在幫助別人提升銷售能力。沒錯，你也幫助他們打造必勝的團隊，但是你這些言行舉止的核心價值，其實就是在讓人們高興地接納自己，並且從中了解自己本身所具備的優點！」

他進一步解釋說，我們每個人都有著自己本身的問題，也有必須面對自己的課題，但是每個人內心其實都有傑出的一面，而我的專長就是在協助人們體驗到自己的聰慧並且將它引導出來、發揚光大，讓對方得以充分發揮運用。

每次當有人向我說出類似的話時，我的直覺反應就是雙眼低垂，看著自己的鞋尖並且說道：「拜託，這沒有什麼了不起的！」接受別人這樣子的讚美（praise）真的非常不容易。你是否擁有類似的感受？你得到了別人的讚美，而你自己認為接受別人的讚美，其實並沒有什麼了不起，因此你選擇淡化處理它，或者乾脆轉移話題？

認可（acknowledge）自己所擅長的事情不是一件壞事。我的意思不是要你變得狂妄自大。我舉這個例子是因為，這些話正是在我**真正**面臨困境時所聽到的內容。就像這次上台授課，我將要面對八千多位學員。而以前在這個講台上發言的，都曾是我的老師或偶像，那些我打從心底就非常尊敬的榜樣。我開始拿自己跟他們做比較，並且想著：「我不知道自己演講內容所能提供的價值，是否足以跟他們相提並論！？」

而金跟我說：「一旦你開始拿自己跟別人做比較，你的能力就立即打對折了；當你這麼做的時候，你分享自己天賦才華的能力就會減半。」

一開始，我根本聽不懂他在說什麼。他繼續接著說：「你自己好好想想看。當你拿自己跟別人做比較時，你立即就將自己的能力打對折，因為你有一半的心思都花費在跟其他人做比較，只剩一半的心思在自己身上。所以，你所能發揮的潛力當然就會打對折。」

我的老天！剎那間我突然全盤瞭解這層道理。這是多麼了不起的真知灼見啊！

把這些人先暫時拋到一邊，並且將注意力擺在自己身上——光是這一點就很不容易做到！許多人根本犯不著擔心競爭對手。因為光是自己腦袋中的「小聲音」，就足以讓你窮於應付了！

如果拿自己的團隊來看（例如排球隊或網球雙打）……你根本不用去管球場另一

邊的對手是什麼樣的人。因為光是處理網子這一邊的問題就夠你忙的了。我相信你一定知道我在講什麼。

光是處理自己的「小聲音」就夠讓你忙碌的了。你根本無須過度擔憂競爭對手的問題。總之，你什麼都不用管，先管好自己再說。

你用不著擔心自己潛在的客戶、老闆、另一半、金錢或是其他雜七雜八的事。
你唯一要先搞清楚的，就是你內心現在的狀況到底是怎樣……。

如果你能，那麼其他事情將會變得容易許多！這就是「表裡如一」為何如此重要的原因。當你越懂得如何做自己並且坦誠以對時，在這種狀態下，你就越容易發揮潛力，並且分享自己與生俱來的天賦、才華。

你是否命中注定就是得教導別人精通網際網路？如何寫作？如何原諒別人？當一個好爸爸或好媽媽，是不是你與生俱來的天賦才華？無論你的天賦是什麼，請記得要坦然接受並且誠實以對，同時別忘了，當你開始擔憂並拿自己跟別人做比較時，你的能力就自動地打對折。如果你拿自己跟其他五個人來做比較，那麼你立即只剩原來的五分之一。因此，花點時間想想這個道理——你到底是什麼樣的人？好好做自己，我向你保證，這樣就**絕對足夠了**。

我的老師之一，羅伯特・龐帝（Robert Panté）很久以前講過很有道理的一番話。他說：「你瞧，你被安排到這個星球上，並且被賦予了最優質的事物。你所擁有的並不是便宜的塑膠眼睛或聚脂皮膚。你的骨頭也不是用橡皮做的。你整個身體都是由極為巧妙、不可思議的物質所構成。因此，在這麼一個卓越無比的容器中，你難道不認為它的內在包涵的物品，至少應該比它的外包裝更具價值嗎？你應該不會特地去訂製一個價值五百萬美元的保險箱，但是卻只拿來儲放一個價值兩分錢的迴紋針吧？這麼做完全沒有道理。很明顯的是，在這個身體裡面的東西，絕對要比外頭的包裝更具價值才是。」

你內心所擁有的一切絕對具有價值。這就是為什麼要和那些說自己不夠好或不斷矮化自己的「小聲音」對抗，是這麼重要的一件事。事實上，你現在或許只發揮出自己本身所擁有價值的十分之一而已。但是，如果你也能真誠接納這區區的十分之一，那麼你就不會有什麼問題了。好好做自己。好好活出自己與生俱來的天命。這麼做就絕對足夠了。

講到這裡，我就必須跟大家分享一個經常令我感到惱怒、不開心的錯誤觀念。多年來，我親眼看到這個迷思導致成千上萬的人充滿挫折。你一定聽過這句話：「你想成為什麼樣的人都沒問題。」在這裡讓我直接告訴你——這是一句謊話。這種想法很可能會在你的人生中產生許多掙扎與困頓。你絕對不可能想要做誰就能做誰！

舉例來說，俠客．歐尼爾（Shaquille O'Neal）是美國NBA的中鋒，身高二百二十公分，體重也超過一百三十公斤。假使說他忽然決定想要成為一個賽馬騎師，我相信大家都能認同，因為他絕對不可能有機會成功。畢竟先天體格的限制就讓他根本無法這麼做；這不是他與生俱來的天賦，因此，他不可能想要做誰就能做誰（我個人當然不認為，他曾經想過要改行當騎師！）。

你不可能想要做誰就做誰，但是你絕對可以成為自己命中注定要做的那個人。

你絕對可以做你內心的自己，或是你應該要成為的人。對我個人來說，我窮其一生都在不斷地想要弄清楚這件事。

你知道嗎，我們這一輩子無論是在工作表現的績效上、個人性向或身體健康各方面，經常都是被人拿來進行測試、分析或診斷的，因為每個人都想要看看其他人到底是什麼樣的一群。這些測驗活動的設計，多半是想要揭露其他人的長處和缺點。

但是，每當測驗結束，尤其是在工作職場中，你幾乎一定會被告知類似這樣的答案……也就是要「努力改進自己的缺點」，對不對？現在，讓我告訴你一件很重要的事情……這麼做根本就是浪費生命！因為光是搞清楚自己擅長什麼都來不及了，我們為什麼還要花時間，去改善一些你原本與生俱來就可能不適合做的事情？

我有一個客戶，是位於加拿大的一間大型銀行。他們提前打電話找我，並且請我為他們投資銀行的分析師們進行一場「禮儀訓練」。不知道你是否清楚投資銀行的分析師到底是什麼樣角色？這些人基本上就是坐在一個電腦螢幕前，整天盯著市場走勢看。因此，我自然地反問他們：「這些人為什麼需要禮儀訓練？」結果，他們解釋道：「每當我們帶著他們一起出席客戶的會議時，他們的襯衫沒有塞進褲子裡，嘴裡咬著口香糖，也從不專心聽別人說話……他們各個都是衣冠不整，行為甚至是魯莽無禮的。」

我感到非常震驚，但不是因為他們所持的理由。因此我繼續問道：「那麼，你又為什麼要讓他們參加客戶的會議？」

他們宣稱說：「因為他們是團隊的一份子！」

「沒錯，他們是團隊的一份子，但這些人不會被派去接觸客戶，他們是分析師」我回答道。「如果你把他們跟一台電腦一起丟到一個籠子裡，偶爾丟上幾塊肉給他們吃吃，我相信他們就會很高興了。因為他們是吉娃娃（我在《富爸爸銷售狗》這本書有介紹五種不同類型的銷售狗。）！」緊接著我繼續解釋：「吉娃娃是資料分析狂。他們**不喜歡**跟人打交道。因為這不是他們的強項。這麼做只會讓他們很不高興，也讓客戶不愉快，銀行方面會感覺到。所以就讓他們遠離客戶，做他們最擅長的事情！」

銀行方面則表現得非常頑固：「不行，一定要讓他們接受合適的禮儀訓練。」

我告訴他們：「好吧，那麼你最好找別人來試試看吧，因為我向你保證，你根本無法改變他們的行為。這樣做只會讓他們感到惱怒而已。」

事後證明我果然講對了——他們的確非常不高興。為什麼要浪費時間來改善弱點，尤其是當這些人早已摸清楚自己的長處在哪裡？

當我在講「缺點」的時候，我所說的並不是壞習慣或缺乏技能的問題；這些毛病我們人人都有，而我們也都知道如何改善。我在這裡所要強調的是自己與生俱來的天賦優勢和弱點。

「結果」是因為「行為」而產生的。而行為則是順應「心態」和「態度」而衍生出來。這一切都是根據你的「習性」和「才華」所演變而來。舉例來說，每個人都想要擁有絕佳的結果。因此，如果變得富有是你想要的一種結果……那麼你應該要怎麼做才能得到呢？要如何做才能擁有絕佳的健康？或是良好的人際關係？

很多人都強調說，你必須擁有**渴望**。這只是一部分而非全部。你可以極度渴望成為一個跟自己完全不一樣的人，而我們都知道，你會因此擁有什麼樣的結果——除了挫折之外，一無所有。你或許心中充滿想要賺大錢的渴望，也在拚命努力工作藉以追求夢想，但是你的出發點可能是基於不好的習性，甚至是一種負面的「小聲音」在作祟，它們可能是這樣說的：
「錢不是長在樹上的！」
「金錢是萬惡之源！」
「想要把事情做對，就非得親自動手不可。」
「絕對不要相信任何人。」

你可以擁有世界上最大的渴望，但是到最後，你往往只會擁有滿懷的挫折。這就好比拿著一塊磚頭不斷敲打自己的頭。你不禁懷疑自己這麼辛苦的工作，這麼努力做一個好人，並且竭盡所能地鞭策自己之後，你為何依舊得不到自己想要的結果。這是因為你一開始所追求的是發自不恰當的預設立場。或許你是根據自己過去陳腐的習性，也或許是曾經有人這麼要求過你，是因為自己以往所經歷的事情使然。也許是五年前自己所學到的經驗，但現今已是完全不合時宜的事情了。

生命中所有事情往往瞬息萬變，因此你必須隨時修正自己的「小聲音」設定。這也就是為什麼它被稱為「小聲音」**管理技巧**！你必須**無時無刻地**管理它！因為若是放任不管，那麼你遲早會查覺到自己又在根據以往的舊習慣來行事。

你必須妥善管理自己的「小聲音」才不致於偏離正道，同時，發現自己應該要成為什麼樣的人——也就是你自己獨特的天賦。在《富爸爸銷售狗》一書中，我曾提到五種不同的溝通模式，或是乾脆稱為五種不同「品種」的業務員：吉娃娃，也就是稍

早提過的「資料數據狂」；貴賓犬，它的本事就是人脈和人際關係；鬥牛犬，屬於「攻擊」類型的犬隻；黃金獵犬，喜歡幫助和服務他人，期待別人禮尚往來地給予自己冀求的成果；以及最後的巴吉度犬，它擁有在一對一的情況下，立即培養出親和力的本事。

沒有一種狗比其他種犬類銷售得更多一些，或者能比別人賺更多的錢。也沒有任何一種犬隻比別人更擅長於溝通，比別人更精通於行銷，比別人更利於從商，或是比別人更適合為人父母。每種狗都擁有牠們自成一格的行事作風。你必須找出自己究竟屬於哪一種？發揚自己的強項並且接納它們，甚至不要擔心其他人是怎麼想的。

當你越是率真地接納自己，在你周遭開始發生改變的事物就會越來越多。在這過程中你終會了解，你原本以為是自己的朋友和支持者，將可能不再是自己最要好的朋友了。

你或許會發覺：當你在努力做自己時，這些人都會開始害怕，因為你開始要成為一個更傑出的人才，進而對他們的人生和生活形成一股挑戰。畢竟他們可能早已安於自己目前的現狀了。

你知道最讓他們不高興的是什麼嗎？當你越來越表裡如一、充滿自信以及言行一致時，你將會變得更快樂、自由而且輕鬆愉快，同時，你會擁有絕佳的體力和能量。那些能量偏低並且不滿意自己生活的人，就會打從心底排斥這些衷心接納自己的人。

有些人甚至會想盡辦法來打壓你。他們會說一些諸如此類的話：「你不應該這樣做！這對你不會有幫助。你從來沒有做過類似的事情，因此你為什麼現在才要開始做？你一定會失敗……。我不認為這對你是有利的。因為別人會怎麼想？你有什麼了不起？你現在是嫌我們配不上你，對吧？」

當你企圖突破自己舊有的局限時，可能會發生以下的兩種情形：要不是跟自己原來的「朋友們」妥協，放棄追尋自由以及之前所做出的努力；再不然就是開始尋找新的朋友，那些願意支持你，尤其是支持你做自己，讓你能夠繼續朝向成功邁進的益友。

比爾·寇斯比（Bill Cosby）曾經說過：「我不知道成功的關鍵是什麼？但是我知道失敗的關鍵在於你想要討好所有人。」

你無法討好所有人。你必須要好好善待自己的精神與靈魂，那個真正的自己。但是，如果說這件事情非常容易就能做到，那麼未免顯得太不理智了。這種努力是每個人一生的功課。我直到現在還在不斷開發自己的可能性，但是我知道，只要持續勤勉不輟，我一定能夠越來越接近自己的目標。以下是一些可能對你有幫助的建議。

在吉姆·柯林斯（Jim Collins）所寫的《從A到A+》（*Good To Great*）這一本書

中，他曾經分析了許多偉大的企業。他研究這些企業長達三十年的歷史——尤其著重於這些企業從一家好公司變成卓越企業的時間點——亦即關鍵的「轉捩點」之前的十五年，以及轉捩點之後十五年的歷史。

請你回顧自己的人生。最後這五到十五年來，你都在做什麼？你一直在接受什麼樣的訓練並做了什麼準備？如果今天是你自己的「轉捩點」，同時你也做出了像柯林斯所說的「有意識地要從優良晉升到卓越」的決定時，那麼你接下來的十五年將會是何種光景？你自己從A到A⁺的過程中，又會寫出什麼樣的感人故事？

如果回顧自己以往的紀錄，你將可以發現**你一直不斷地在學習與成長**。你或許也曾擁有勝利和奇蹟般的美好時刻，並且也曾遭逢過許多打擊。雖然經歷過這一切，但你至今依然挺立不搖，而且絕對比過去的自己還要更進步與優秀。不管你是有意還是無意的，你一直在為自己的卓越與偉大預做準備。

很多人都沒有辦法放眼這麼大的格局。多數人只能看得到自己今天眼前的事物。他們被迫陷入一種生存的狀態。他們完全只能根據眼前的狀況，強迫自己立即做出一些能馬上獲得金錢報酬的決定。他們所處理的都是迫在眉睫，需要立即加以解決的問題。就像我的創業夥伴凱利．瑞奇（Kelly Ritchie）經常說的：「太多人過度規劃一天的行程，進而低估自己年度計畫的安排。」當一個人缺乏年度的規劃時，他們其實**真正**低估的是自己一生所能達到的成就。

如果你有機會能跟一位參謀、導師或益友坐下來——一個真正了解你並且敢向你直言不諱的人——那麼這個人會跟你說些什麼？如果你們兩個一起回顧十五、三十年的光陰，並且列出你這一生所曾做過的事情，你們將會看到什麼模式與規律？檢視自己的經歷、事業、工作、努力以及嗜好。還有曾在你的生命裡出現過哪些輝煌時刻？那些事情你是否做得很好？又有哪些時候的你是正好處在「顛峰狀態」下？我在這裡講的不光只是賺錢這回事。我要說的是，你曾在什麼時候充分發揮自己的潛能？

如果你能從中找出一些規律、模式，那麼你就有機會更進一步地瞭解自己了！

此外，試著再找另外一些人，那些你真正相信的人，要求他們給自己一些回饋。向他們每個人請教：「你認為我真正擅長的是什麼事？」在此之前記得先跟他們確認，請他們絕對不要敷衍你，也不要盡說一些好聽的話。讓他們知道你對這件事情非常認真、嚴肅。這時，也請你真正仔細聆聽他們口中所講出來的話，並且在他們回答的時候，留意自己的「小聲音」正在說什麼。

你的「小聲音」通常會回答：「這才不是真正的我！」因為你的「小聲音」可能不太容易接受別人讚美你所擅長的事情。

請多多留意自己生命中，經常獲得別人讚美的領域。

這種「小聲音」之所以對自己這麼嚴厲還有另一個理由──因為一旦人們開始接近並且不斷稱讚你：「你做得實在是太好了。你真的在這方面很在行。你真的改變了我的生命！」時，你心中往往會立即開始假設：「才不呢，一切只是碰巧罷了，這真的沒什麼了不起。你實在太會說話了。」你會刻意淡化別人對自己的讚美。

基於某種理由，我們多數人從小即被教導並且相信，一旦接受別人的稱讚或喝采，我們就應該要謙卑；我們被告知絕對不能吹噓自己的成就，「千萬不要惹人厭。」在此我要強調一下，我對謙遜沒有意見，但是當人們跟你說：「要聽信當權者的話並且照做不誤……要記住自己並不比別人優秀多少……有許多人比你更富有、更聰明。」這麼一來，你就會先入為主地開始相信自己好像就是那麼「矮人一截」。

因此，每當你聽到別人說你非常棒，你通常會立即自動回應：「沒有，我沒有！」因為你打從孩提時代開始，就已經培養出這樣子的習性。

如果可以，請你就從今天開始這麼做：一旦有人稱讚你，你可千萬不要理會自己的「小聲音」正在說什麼，直接開口回答：「謝謝你。」這樣就好，不要找什麼樣藉口來搪塞……，那些「但是」、「可是」或者「沒什麼了不起」等等都只是一種遁詞罷了。只要簡單說一句：「謝謝你！」透過不斷這麼做來強迫「小聲音」來習慣它，直到你學會如何坦然接受自己勝利的事實為止。

當有人稱讚你，而自己的「小聲音」卻又開始拚命冒出各種藉口時，那麼你就是在剝奪自己的勝利，並且阻礙你認同自己，甚至進一步妨礙你發揮與生俱來的天賦。

你用不著在馬路中間擺個箱子站上去，雙手捶胸、然後聲嘶力竭地自吹自擂（如果你想這麼做也無妨）。你只要簡單地容許自己接受讚美，並且感到窩心即可。

請多多留意自己生命中經常獲得別人讚美的領域。我可以誠實的告訴你，我的家庭生活相當不錯，上天相當眷顧我，因為我家的小孩非常優秀，太太更是一位出眾的生命伴侶，而且我在這世上也擁有非常優秀的夥伴和朋友們。但是，我也必須誠實地告訴你，信不信由你，就算經過這麼多年，我至今仍然弄不清楚應該要拿自己的生命做些什麼；不過我倒是覺得自己有越來越接近人生使命的感覺。我也不知道是不是真有那麼一天能夠弄清楚，但是這一切都包含在人生這趟奇妙旅程中。因此，這也代表了我會將「小聲音」管理技巧永遠放在自己的心上。

我知道這番話已是老生常談，但是它絕對值得在此重複一遍。巴克敏斯特．富勒博士曾經說過：

你終其一生可能都無法理解自己生命的重要性（或意義），但是，如果你下定決心要為他人的最高成就徹底奉獻自己，那麼在你瞑目的時候，你將可確信自己這輩子活得很有意義。

或許你一輩子都無法**真正**了解自己應該做什麼，或是了解自己真正的天賦、才華是什麼。但是，如果你很勤勉地在自己身上下功夫來尋找它，並在整個過程中不斷修正、修正、再修正，不斷開發自己最擅長的領域，那麼你自然就會越來越接近這個目標。並且極有可能也會從中發現，自己將開始擁有越來越多的成就。

在這個過程中，你或許會擺脫掉一些沈重包袱，包括朋友之類的。但是千萬別忘了，妨礙自己表裡如一的最大障礙，同時也是人們最感到恐懼的，就是害怕別人不喜歡率真的自己。坦白說，這有時的確是事實。當別人真正看清楚你是誰的時候，那麼你的智慧、誠實和崇高地位都有可能受到威脅。有些人甚至會因此討厭你。他們可能會排斥你、嫉妒你或者單純地為你的改變而感到不高興。說真格的，如果真的發生類似狀況，也別在意！因為他們其實是在生自己的氣，因為他們感覺到現在的你，過得比他們都要好。

但是反過來說，在你的周遭也將會有更多人因此喜歡你，因為真正的朋友才有機會看出你的優點，並且因為你能發光發熱而感到高興。你也會因此吸引一群願意支持你發展全新自我的新朋友。他們會在你好好做自己的時候為你喝采。而也就是有這些人的鼓勵，你才得以不斷鞭策自己發揮所有潛力。每個人終其一生都有可能要經歷數次這樣的蛻變，而這其實早就發生過——請你自己回想看看……。你現在還在跟高中認識的朋友們一起鬼混嗎？或許是這樣，但這種情形肯定不多見。就算是，也或許是因為這些人是真正支持你，也能一併接受現在的你，而不光是喜歡以前的那個你。

每當看到一些成年人，不知道要拿自己的生命做什麼而飽受挫折，或是很不情願地在從事自己的工作時，我的心裡就感到非常難過。這些人一直在強迫自己扮演好員工的角色，哪怕他們內心其實是一位狂熱的創業家、理想家、發明家、寫作家、健身教練或是詩人。由於歲月不饒人，你遲早都要做自己的，要不然你就得一輩子面對腦海中喋喋不休的「小聲音」：「我早就應該……、我本來想要……、其實我可以……」等等。而這種「小聲音」真的會讓人很不舒服。當你耗盡生命，一切就算是玩完了。你的一生就是這樣，沒有了……。

萬一你自己的「小聲音」**早就在**講類似的話？那麼請你叫它馬上閉嘴，並且馬上停止手邊的工作，好好反省你直到現在的所作所為——你曾在哪些領域嘗過勝利的滋味？就請你開始好好充分發揮那一項本事吧！

從我有記憶以來，我一直很著迷於那些偉大的領袖們，並且渴望自己能夠成為這樣的人物。我發現自己天生就具有領導能力，我直到高中期間都是童子軍。我不確定原因是什麼——因為我的身高既不高，體格也不算強壯，甚至長得也不怎麼帥氣，但是我就是喜歡當領袖。我從以前就是擔任班長、學生會會長，更是田徑隊以及越野賽跑的隊長，也曾經是俄亥俄州立大學橄欖球隊的場務經理。

就算在群眾面前演講，有時會讓我感到緊張害怕，但是基於某些理由，我還是很享受這件事情。以往我在上台前都會顯得侷促不安。可是我為什麼持續這麼做？我不確定為什麼。我的太太至今仍得不時地安慰我：「你一定沒問題的。你一定會講得很好。別太擔心。」一直至今日，就算從事這一行已經近三十年了，有時還是會受到緊張情緒的影響。但是不管基於什麼樣的理由，在我每次反省時，我一樣能夠找到這種站在台上面對群眾的動力——持續教導並且領導他人。

當自己越率真，那麼身邊的事物就越容易開始有改變。

儘管渾身緊張而且充滿疑慮，但是我依舊很清楚，這才是我應該要走的人生路。而這一切來得確實**不容易**！無論當時的群眾有多少，場子有多微不足道，我仍會非常認真努力地做準備，期待自己上台時擁有最佳表現。我如今的成就完全是靠著自律以及大量的練習而來，唯有持續不斷地管理自己的「小聲音」，才能做到以上這些事情。我站在許多舞台上並且對著許多人講話。直到有一天，我回顧了自己以往的經驗和績效，我發現當自己擁有最佳表現的時候，就是站在許多人面前演講的時候。

所以我想：「如果花更多時間這麼做，究竟會怎樣？」我真的就這麼做了。而結果發現：每當我在教導別人，而非進行銷售的時候，很明顯地，我的表現就是非常傑出。我在教育領域中獲得最大的滿足。我簡直愛死它了。我整整花了四年時間，學習如何教導一個改變自己生命的卓越課程，這個課程叫做「金錢與你」（Money and You）。這個課程的創始人——馬修．賽博是一位非常聰明的人，也是我的老師。我跟羅伯特．清崎一起學習如何來教導這個課程。我們兩個自掏腰包在全球各地到處旅行並且傳授這個課程，學習如何成為最頂尖的人物。我們是如此熱愛教導別人創業以及個人成長方面的課程。我們不斷問自己：「我到底擅長什麼？」今天，我還是不斷的會問自己：「表現**最好**的是哪一方面？」以及「我最熱愛的是什麼？」而每一次冒出來的都是同樣的答案——教導。

但是當我跑遍全球二十多個國家，輔導過成千上萬的個人和企業之後，我腦海中的「小聲音」開始跟我說：「我已經累了。如果我繼續這麼做，我一定會把自己的能量消磨殆盡。」我在那個時候真的發生過這種情形：為了舉辦教育培訓課程，我在短短十天內，居然以來自不同方向的模式，整整繞了地球兩圈！那時的我不斷地奔波於美國、加拿大、曼谷、法蘭克福、倫敦、日本、新加坡……等國家之間，確實面對了非常多的群眾。

而這就是我的另一個轉捩點。我理解到自己必須挑戰更大的格局。

這時，有一個「小聲音」說：「我熱愛教導。」而另外一個「小聲音」則跟我說：「但是你快把自己累死了！」至於第三個「小聲音」緊跟著說：「誰說通通都非得由我親自來教？」

我也理解到，在自己所有的培訓課程中，最大的成就與收穫都發生在我**教導別人如何引導他人**時。把一個平凡人轉變成偉大的講師和培訓師，讓這些人可以在短短幾秒發生改變，成為一個勇敢且果斷的人，這件事始終讓我感到興奮不已。

接著我就會想：「如果我很擅長於教導別人如何當講師，我是不是也可以傳授他們自己教學時所運用的技巧？」畢竟我自己是如此擅於此道，我所運用的一些方法，應該也會對他們有所幫助，不是嗎？

因此，藉著反省、評估並將自己的熱愛和強項結合在一起，我每天越是活出最佳的自己，並且從事著自己與生俱來的天命。我無時無刻都在盡可能地服務最大多數的群眾。這幾乎是一項不可能的任務，除非我繼續勤奮不輟地管理自己的「小聲音」，始終做到表裡如一以及不斷微調、修正自己的所作所為。

真希望能夠告訴你這就是最終的答案。我也希望這是我二十多年前就已訂下的夢想。但是讓我告訴你：根本沒有這回事。根本沒有所謂的「偉大的生涯規劃」。我不認為大自然是用這種方式來運轉的。整個宇宙都是持續不斷地嘗試與犯錯，其精髓在於完全投入並且予以修正、持續投入並再次修正。每次都是一步接著一步地逐漸向前邁進，直到達成想要的目的為止。

小蜜蜂不斷地從這朵花飛到另一朵花，直到牠發現自己比較喜歡玫瑰而不是小雛菊。這時，小蜜蜂就會放棄小雛菊而去專心尋找玫瑰。我想表達的重點就是，你也許永遠無法徹底搞清楚，但是如果你非常率真，徹底發揮潛能，終有一天你會最接近自己的天命，這時你的挫折也會隨著銷聲匿跡。你的壓力將會開始獲得舒緩，自己的生命也將改善。你的收入、精力和別人的喝采也會與日俱增。你如果可以說服自己的「小聲音」閉上嘴巴來接受這些喝采，毫不貶低自己、靜靜地閉上嘴巴然後跟對方說聲：「謝謝你！」那麼你就越能迅速地找到真正的自己。

你會越接近內心真正的自己——上蒼所賜給你的天賦，你真正的光芒。

我已經說了不只一遍，我真的非常幸運擁有這麼多偉大的老師和導師們。其中有一位是羅伯特．龐帝，他是發掘「內心光芒」理論的專家——尤其是對年輕人而言。

看著羅伯特改變這些年輕人的過程，這真的是一種不可思議的體驗。他完全不跟這些年輕人說場面話；他一針見血地指出這些年輕人的行為和態度，將會造成什麼樣的結果，但是當他提到這些年輕人的天賦才華和內心光芒時，也一樣地真誠坦白——每個人都擁有自己的內在美。對於多年來加在這些年輕人身上的各種負面思想以及批評——例如他們非常具有破壞性以及叛逆心等等，他一概不予理會，甚至還把這些負面特質解釋成為他們的優點，將它轉化成一種值得自傲的事情。他讓這些年輕人看見自己內心的偉大之處。

課程中，羅伯特和他的團隊「改造」了這些青少年，讓他們穿上最好的衣服，為他們設計新髮型，讓他們的外表煥然一新，藉以讓他們體驗到自己的美麗和潛力。

我還記得當年羅伯特曾經輔導過的一名青少年，這位少年耳朵、鼻子、眼瞼、手心、臉頰以及嘴唇——整整穿了三十多個小鐵環。這位年輕人把這些鐵環穿在臉上已經整整超過一年。他從來不跟任何人訴說自己的困難，遑論勸他從臉上拆下任何一只鐵環。他一直在躲避別人，並將帽子盡可能地壓低以便遮住自己的眼睛，顯得一副坐立難安的樣子……。

他跟羅伯特碰面後的那個中午，他臉上的鐵環就已減少一半。在那天課程結束時，他不僅理髮，臉上所有鐵環都已取下。沒有任何一個人開口要求他這麼做，這完全是他自己的決定。但是最令人驚訝的是他在態度方面的改變。這位非常安靜，習慣與人保持距離、在這三天課程中從不跟人交談的年輕人，現在開始會去主動接觸別人，並以無比精準的用詞遣字來與他人分享自己的心得。加上他長得其實並不難看，因此所有人都已經開始注意到他了。這時的他，臉上掛著微笑，除了早就看出這位年輕人真實面目的羅伯特之外，幾乎全場在座的人都不認得他了。

在我們舉辦的培訓課程中，偶爾也會從事類似改變造型的活動。我們會請一些髮型師、造型專家們來幫助學員們發掘自己一直沒有發現的外在美。而令人驚訝的不只是外表上的改變（雖然的確非常讓人驚豔），其中最讓人覺得不可思議的是在這麼做之後，人們在個性上的轉變。當你覺得自己的外表光彩亮麗時，你往往就會更加願意分享自己內在美的光芒。

你有沒有發現，自己倒是很容易看出別人所具備的優點，但是他們自己卻看不出來？這也表示說你也一樣看不清楚自己內心真正的優點。我們所做的任何事，道理其實都一樣——目的就是要喚起別人的天賦才華，並且協助別人實現夢想。當人們能徹底發揮潛力時，才真是讓人興奮不已的事情；沒有比這種感覺更充實的了。當你親自體驗到實現自己內心天命的感覺、發揮本來就有的天賦才華，你就會體驗到一種無與倫比的新感受。

為了你自己也為了你的小孩，請你務必這麼做。以身作則，活出一個表裡如一、成功的人生。我把自己的人生看成三大部分。第一部分是我的事業，不但是用以作為自己的收入來源，同時也能藉此實現我在這個地球上的使命。第二部分，則是跟我的使命和熱忱等同重要，那就是竭盡所能地擁有一個最快樂、最健康的家庭。至於第三部分，則是擁有一個在自己能力範圍之內——無論是心理、情緒或是肉體上，都要擁有最佳的健康和體態。這就表示我同時得管理好自己的身體和「小聲音」。我不光是為自己而這麼做，同時也是為了我的小孩。

小孩子吸收學習的速度非常快，遠比一般人所想像的還要迅速。舉例來說，我們有一位企業教練夥伴，曾和一家經常僱用青少年的三明治店做輔導。這家早餐店的老闆告訴我們：「你無法教十五歲的少年做任何事情。他們絕對不會聽你在講什麼。就算請你們來輔導也無法改變什麼。」

企業教練只不過花了一、兩個小時的時間來輔導這些站在櫃台後面的十五歲青少年們，就讓他們學會如何賺取更多小費，如何跟客戶聊天，同時更讓自己的工作變得有趣。他們輪班時的小費箱，從原本只有二美元變成十二美元到十五美元。想當然爾，每次輪班時的小費如果多出很多，那你認為他們還會不會更加賣力地投入工作？你認為整個店面的總體營收會不會也隨之提高？每一次平均交易額會不會增加？我們協助他們如何在工作中找到樂趣，把它變成一場遊戲，讓他們好好做自己，同時也讓早餐店的生意大幅改善。

成功的關鍵就在於表裡如一……做真正的自己。

有時候，你的精神可能會被禁錮在心裡。或許是因為以前曾經有人告訴過你：「你不能這麼做」。你當時真的太「過頭」、太「異類」、太「激進」了……反正就是「太」怎麼樣就是了。慢慢地，你開始情不自禁地開始為了討好別人而把真正的自己深深隱藏起來，藉以避免自己受到傷害；但是這已是過去的事情了。現在是你要展翅遨翔的時候。好好活出自己，不管別人說什麼，還是對你有什麼樣的看法。

為了在我們課程中展示這種觀念，我們會將一枝箭放在學員的脖子前面，並且要求他們向前走。雖然這支箭無法傷害他們，但是他們在腦海中的「小聲音」會一直告訴他們，你可能會被刺死。**他們必須迎著箭挺胸向前走**。我們當然會事先教他們如何做好準備並且連結成功的心錨。而當他們真的用脖子把箭折斷了的那一瞬間，原本「小聲音」告訴他做不到、他不夠好或者能力不足諸如此類的想法，通常就會消失得無影無蹤。所有無用、負面的想法將在剎那間蕩然無存。

對一些人來說，這會是一個非常情緒化的經驗。有些人甚至會痛哭流涕，很多人則會先進入震驚的狀態，直到過一陣子，情緒逐漸平穩下來之後，才會開始流下眼淚。這就代表著他們內心重獲自由。因為很多人的精神和靈性已被禁錮了很久，而孰不知每個人的「心」，天生就注定應該要完全自由的。

為什麼有人會憤世嫉俗，那是因為在某種程度上他們的靈魂被禁錮了，而且他們自己也知道時光一去永不復返。他們能真正體驗到自己的天命和成就的機會似乎越來越遙遠。千萬不要讓這種事情發生在自己身上。在此借用金恩博士在「我有一個夢想」這篇演講中所說過的話：「當我們允許自由之聲響起——當我們讓它響遍每個村莊、每個聚落，遍及每一州和每一個城市時，我們將會加速這一天的到來，也就是上帝的所有兒女……黑人和白人、猶太人和外邦人、新教徒和天主教徒——大家都將會手牽手，一同唱著黑人古老的靈歌：『終於自由了！終於自由了！感謝全能的上帝，我們終於自由了！』」

在此，我祝福所有閱讀這本書的人，大家最後都能獲得自由。只要單純地做自己，你就可以達到這個目的。

學習「小聲音」管理技巧的最重要理由就是——回歸真正的自己。

你本來就應該擁有一個卓越的人生——享受著優秀的朋友、一大堆的金錢與親密的人際關係。一旦偏離自己原來的正道，你就會開始嚐到各種苦果。

我知道「實現自我」的捷徑，就是排除妨礙你從事下列這些事情的「小聲音」：

- **擔心別人對你的看法**
- **不認可自己掙來的勝利與成就**

●在接受別人讚美時，無法坦然地說：「謝謝你！」
●對自己真正擅長的事情視若無睹

只要改變這些「小聲音」，那麼你就能夠大步邁向自由。

第七章
有所擔當：遵守對自己的承諾

迅速管理自己「小聲音」的好方法，就是逼自己要有所擔當。換句話說，你的所作所為一定要言而有信；你要堅持一些特定的標準，絕不妥協，隨時以它們作為標竿，亦即願意去努力達成的一系列目標、數據、檢查點等等。這些有可能是營收、體重、撥打銷售電話的次數……等任何事物。想到要做到這個地步，你必須為自己建立一套規則並嚴加遵守，以免突然冒出來的「小聲音」橫加阻礙，確保自己能繼續朝向目標邁進，而這些規則我習慣稱之為「榮譽典章」。

這些規則必須能在你情緒高漲、智慧低下時讓自己有所依據，尤其是當你面對情緒上的挑戰，或是自己負面的「小聲音」失控時，才能用來保護自己。

最近，我跟一位擁有數家加盟連鎖企業，極為成功的人物見面。他專門在尋找經營不善的公司行號，先將它們買下來然後再進駐營運，讓這些公司轉虧為盈。我向他請益，表示在這些他買下來的公司當中，是否曾經觀察到什麼現象？

他說：「那些公司之所以經營不善，通常是因為沒有老闆坐鎮，或是老闆將經營權完全委任給一些無法擔負起責任的人。」

我花了一些時間來觀察這位成功人士究竟是如何經營、管理自己的公司。我可以在這裡告訴你，他每天必定會親自檢查旗下這二十幾家分店所有的相關數據。他會將這些數據依照順序加以排列，之後還會張貼、公布在辦公室裡，並在隔天一早便將這些分析結果寄發到各分店去，企圖讓每一家分店清楚知道自己在整個企業中的表現。全公司上下都很清楚知道自己的表現有幾分？每位經理可以很清楚地看到自己離損益平衡還有多遠？自己實際創造出來的毛利又是多少？自己是否有完成階段性目標，確保年底可達到今年預計營收目標的能力？而這種作為才能叫做「有所擔當」。

在這裡，我要強調的第一個重點就是，有成效的擔當必須要以「頻率」做為基礎——他每天必定會做到以上這些事情。其次，這些經理人被要求達成一系列的目標，他們每天都看得到自己現在所處的狀況。

多數人的問題癥結多半在於無法對自己有所擔當；就算對自己有所要求，但是他們所抱持的標準也都相對偏低。而他們之所以會這麼做的理由往往很多。事實上，正如同你的「小聲音」一樣，它也經常不願去對事情有所擔當，因為這麼做無異於是強迫你去面對真正的自己，而你此時卻尚未做足心理準備。或許是自己的體重問題，也或許是公司財務方面的困難。抑或是事業上的挑戰，也可能是健康方面的隱憂。但是不論面對體重計、財務報表或別人的忠告，直接的回饋有時的確最傷人。

你若缺乏看見嚴苛的真相以及高度自我要求的目標、標準和數據，基本上就不可能做出任何改善。但是即便如此，還是有很多人選擇逃避、擔當責任，採用「自己的感覺」來經營事業、健康和生活。我不知道你是否也如此，但若換做是我，這麼做的結果必然是導致我的人生就像坐雲霄飛車一樣大起大落。做事有時確實得靠直覺，但這種情形並不多見。因為數字畢竟是不會說謊的。

有所擔當可以幫助你控制自己的「小聲音」，甚至讓它成為助力。這麼做能強迫你面對事實。

嚴格來說，有所擔當可以分成兩大方面。一是有關自己的各種數字或數據。這些數據極有可能代表的是你的財務狀況、業績、收入、開支、每日所攝取的卡路里、靜止心率、血壓甚至體重……等等，所有能夠加以衡量的事物。

至於有所擔當的另一面則是自己的行為。據我多年來輔導組織和個人的經驗，想要確保自己能夠擔負起行為上的責任，最強而有力的方式就是藉著我們所謂的「榮譽典章」而來。在《富爸爸教你逆勢創業》這本書中，教會大家如何創造自己在事業和個人生活上的「榮譽典章」。我們在此也將告訴你如何藉由設立一系列的規則，促使人們發揮潛力，讓一群平凡人變成必勝的經營團隊。

而這又跟你和你自己的「小聲音」有何關聯？首先，你應該擁有一套屬於自己的「榮譽典章」——你自己個人生活領域當中非常重要的，例如健康、財富、事業和人際關係等等，絲毫不能妥協的一些規範。

建立屬於自己的「榮譽典章」——自己決不妥協的規範。

在團隊的「榮譽典章」中經常擁有的規範是：「絕對不拋棄有需要的夥伴。」如果將這條規範的觀念導入自己個人的「榮譽典章」中，那麼或許會像是這樣：「絕不自暴自棄」或「未達目標前，絕對不放棄」。另外一條強迫自己有所擔當的「榮譽典章」規範可能是：「要承擔起所有的責任——絕對不責怪他人或找藉口。」這條規範都適用於個人或團隊所建立的「榮譽典章」。還有一些方法例如：「要準時、守信」或「如果自己的行為有違『榮譽典章』時，記得要心悅誠服地接受別人指正」等等。

最後一條規範非常重要，因為想要獲得成功，你、我皆絕對需要夥伴們的支持。我從未見過在任何領域或事情中獲得成功的人，卻不具備值得信任的合夥人、同事、導師、隊友或同伴。換句話說，你必須和生命中其他重要的人們分享自己的「榮譽典章」，一旦你違背自己的「榮譽典章」時，才會有人給你進行指正。

承諾在任何時候，尤其是對自己，永遠都要百分之百的誠實。為人處世要完全遵守誠信原則。決不食言而肥。每週至少投入兩小時的時間在自己想要專精的領域中，不斷地進行研究和練習；不管你給自己定了什麼樣的規範，一定要堅守到底。

很多客戶在一開始時都會跟我說：「我（我們）自己早已制定了一些規定。我們需要的是其他東西。」我這時就會很快地告訴他們恩隆（Enron）和安侯建業（Arthur Anderson）這兩家公司一樣也有許多規定，但問題在於就算他們設有規定，但是當高階主管和經理人開始打破這些規定時，往往沒有人願意再去指正他們了。沒有人會跟他們說：「你已經逾矩了。你必須要改正。」因此，最後的結果就是兩個公司都以非常不名譽的方式下市。如果你有需要，我還可以舉出很多例子。

嚴格來說，當你違背自己所建立的「榮譽典章」時，你應該要有意願去進行自我指正；而你若真想要有所擔當，那麼便更應該允許別人對你進行指正。

你若自行建立了一套「榮譽典章」，一套表示自己將不再抽菸、酗酒或暴飲暴食的典章，那麼只要別人看到你打破自己的規則，他們又怎會想要跟你在一起？畢竟如果連你都會欺瞞自己，也是自己生命中最重要的一個人時，那麼你可能會對其他夥伴們做出什麼事情來？你處在壓力之下的行為，會是這個樣子嗎？

因此，若想要管理這樣子的「小聲音」，那麼你就必須擁有相當程度的擔當，以免自己的「小聲音」開始說謊、逃避或捏造事實。其中最簡單的方法就是建立一套規則，有關自己行為的規則，亦即「榮譽典章」。每一個偉大的團隊或人物，多半擁有一套規則或榮譽典章，在面臨高度情緒壓力時，他們方可屹立不搖。

在個人的「榮譽典章」中可能還有類似的一些規範：「任何事情絕不半途而廢」、「絕不乞求別人的同情或讚美」、「絕不擅離自己的崗位」或「繼續堅韌不拔，不尋求他人憐憫」。這些規範絕對有助於你度過許多難關。只要堅守自己的規範，那麼它們就會在你人生的風暴以及暗潮洶湧的時刻，成為指引你人生方向的掌舵者。許多偉大的領袖和公司之所以不斷成長進步，往往是因為他們有著一套規則，藉此規範團隊中的所有成員。

你的數據到底是多少？你會追蹤什麼事情？若以時間為例又是如何？你真正具備產值的時間有多長？你又花了多少時間在一些無謂的事情上？你的靜止心率為何？血壓是多少？而你又為此做了什麼改善措施？你每天走路或跑步的距離有多遠？你每天攝取的食物是哪些？每天攝取的卡路里又有多少？你開始瞭解我在說些什麼嗎……？

你會檢討自己的財務狀況嗎？間隔多久一次？如果不是你自己來，那麼又是誰會幫你做？你是否在每一季（為時已晚的狀況下）才來進行檢討，還是每年才檢討一次（此時根本是回生乏術了）？或是像我那位擁有加盟連鎖事業的朋友一樣，每天持續不斷地追蹤？

一直以來，我都會告訴別人，刺激業績最具威力的手段是什麼？至少對我個人而言，就是每週一早上的業務會報。這是我很久以前在Burroughs公司（優利系統的前身）上班時的親身體驗。

那時，每週一的早上，我必須將潛在客戶的名單公布於白板上，說明自己準備要成交的是哪些案子？同時還得自行預測本週的銷售金額有多少？老天爺真應憐憫那些連續三週都公布相同潛在客戶的名單，但卻一直無法成交的業務員。全場同仁這時會對他喝倒采，甚至是噓聲四起地把他趕出會議室。每週四、五，所有業務都會在全市到處奔走，拚命尋找新客戶，原因不是為了自己想要賺錢，而是沒有人願意下週一早在全體同仁面前丟臉。

對自己要有所擔當其實是非常具有威力的。但是，你若還想更進一步提昇自己的表現，那麼就請你在自己周遭建立一個能夠不斷嚴格要求你實現承諾的團隊。尤其在事業領域中，想要獲得財務上的成功，團隊是不可或缺的因素。想要擁有極致的健康，那麼你應該聘請屬於自己個人專屬的教練、營養師、健身教練以及其他可以幫助你達成目標的夥伴。親朋好友也是一樣，皆是屬於團隊中的一部分。請你想想：在這麼多種不同的團隊中，你到底建立了什麼樣的規則？又是什麼人來負責監督你是否確實遵守規則？

對我自己的兩個兒子來說，我們建立了一套他們必須確實遵守的規則，並把它張貼在冰箱上。這些規範計有：「你不可損害別人的財產」、「你必須尊敬自己的教練、老師和父母」、以及「你不可以欺負自己的弟弟」。如果他們違反了這些規定，他們就會受到旁人的指正；而在這張表單背面，我更詳細列舉了違反規則的後果。若是初犯，則是一個禮拜都不可以玩電子遊樂器；如果再犯，那麼就不可以去上溜溜球的課程；如果第三次違反，那麼就不可以去參加橄欖球隊的練習……等等。我們夫妻倆會嚴格落實執行，直到孩子們徹底了解我們的用意為止。我們夫妻倆都不相信打屁股或體罰這種教養方式。因為這麼做，無非是在給孩子們傳遞另外一種截然不同的訊息。畢竟我們希望他們要為自己的行為和本身的習慣負責並且有擔當。

你若不擔起生命中的責任，這是會有不好的後果喔（不管你是否願意面對）！

承諾在任何時候，尤其是對自己，永遠都要百分之百的誠實。

每個國家都擁有自己一套的治國規則，用以規範人民的行為；而問題在於，尤其是現在的美國，非常容易讓人逃避自己應該擔起的責任。事實上，就算你想在美國活活餓死自己也很不容易。如果你今天失去工作，就會有人餵你吃飯，幫你申請社會福利金，甚至把你護送到收容所。你一定會受到某種程度的照顧……不論出面的是政府機構還是私人部門。因此，我們有些人開始習慣認為自己不需要有所擔當。

但是坦白地告訴你，如果你想要在生命中獲得任何形式的成功——無論是財務、情緒或身體等各方面——只要你負責任的程度越高，那麼你的表現績效與所獲得的結果也就會越好。

我擁有的第一部汽車是一九六三年的雪佛蘭（Chevy Nova）敞篷車。那台車子的最高時速約每小時八十公里，而且還是在下坡路段時才能達到。雖然這是一部好車，但是卻也和我自己心裡所想要的「高性能」汽車之間有著一大段差距。雖然這部車子維修起來也不怎麼花錢——利用鈑手和螺絲起子就可以搞定……。

反觀，我太太曾在諾斯洛普公司（Northrop）F-18戰鬥機的部門中工作過。他們都得事先將焊接專用的鉚釘放在乾冰中儲存，直到要鎖到飛機油箱上時才會拿出來使用，這是因為他們製造規格所採用的公差容限精度是這麼地嚴密。他們得確保當飛機以三倍音速在極高的空中呼嘯而過時，這些鉚釘不會由機身自行脫離並且飛出。畢竟若真發生這種事，那問題可就大了。

因此，我們若拿六三年的雪佛蘭敞篷車和F-18戰鬥機做比較，請問：那一個的性能比較優秀？

只要我們對績效的要求越高，那麼相關規定的嚴謹度也就會隨著需要而提高。當你的組織或團隊規模越來越龐大時，這些規定必須更加嚴格地落實。我的好朋友羅伯特·清崎說得好：「你自己組織的大小，完全取決於自己貫徹規定的能力。」

當我在強調必須有所擔當的時候，我的意思並非是說你得無時無刻都達到完美，畢竟這是不可能的事情。再者，我的意思也不是希望你每次的數據都非得漂亮，因為這些數據有時確實很難看。簡單地說明「有所擔當」的意思，其實就是自己要有面對事實的意願。你願意承認自己犯錯的意願，就跟你想要承認自己成功的意願一樣高。很多人從不去檢討自己的數據，就算有，也往往專挑數據好看的時候為之。

凡是會上去的，總有一天得掉下來。就像是只要有「裡」，必定就會有「外」。基於同樣的道理，你一定會擁有漂亮以及難看的數據。你也肯定會有非常順利以及非常不順利的日子必須度過。總之，你必須要有總攬全局的意願才行。

我的創業合夥人凱利・瑞奇說過：在任何行業中，你至少需要三個月來觀察規律模式，才能看出某種作為是否有效。因此，必須有所擔當的理由就是，因為藉著不斷記錄自己的數據並追蹤自己的行為，你將會清楚看見透過自己的習慣所產生的模式與規律，以及它們所衍生出來的結果。

舉例來說，假設你有隨時記錄自己財務狀況的習慣。每週都會檢討自己的收入與支出。日復一日地看著這些數據。三個月之後，你觀察到每個月前兩週的收入都會達到高峰，而支出則是在接近月底的這兩週達到高峰。而你也從中觀察到一種現象，那就是自己經常處於缺錢的狀態。至於為什麼會這樣？也許你才會開始注意到自己在支出方面的問題，例如，每當你一拿到任何金錢時，你就會開始放縱自己、瘋狂大採購，因此每到月底必須結帳時，身上就沒有足夠的現金來支付了。除非你經常這樣子地檢討自己，否則你根本不容易看出自己的某些行為模式與習慣。你非得藉著確實追蹤紀錄，否則進行任何修正都得全憑自己的猜測而定。

講到自己的健康狀況也是一樣。你或許會發現，自己每天選在特定的時刻做運動時會感覺比較舒暢。你也許也會注意到，在每天的另外一些時間或一些特定日子，甚至一些天氣狀況下，你可能會比平常吃得多一些……。你若不去追蹤記錄這些變化，那麼想要達到減重、塑身的目標往往變得更困難──因為你觀察不到，也無法掌握自己特有的行為模式。

想要獲得像樣的成果，你就必須有數據為憑。為什麼呢？這是因為你若用圖像來表達你對自己的體重、健康、家庭、財務狀況或事業等各方面的感受時，我想，這些圖表看起來就會像是雲霄飛車一般。若你根據圖中這些雲霄飛車軌跡的高低點來作為改善決策的依據，那這根本就是一種瘋狂的行為。藉著觀察自己的數據，有系統地擔負起責任，那麼你就比較容易按部就班地執行計畫並且達到自己想要的成果。對業務人員來說，這些統計數據也許包括每天撥打電話的次數、每週安排多少次拜訪以及自己每週上台簡報的次數等等。

我有一位住在德州的朋友，曾經做過一個很好的比喻，他說：「每個人都想上天堂，但是沒有人想要先死掉。」沒錯，每個人都想成功並且享受甜美的果實，但是卻沒有人願意經歷臨死前的痛苦掙扎，更不想面對自己醜陋的壞習慣與行為。

大多數人都不喜歡反省自己。許多人之所以不願詳加檢討自己差勁的表現，往往是因為他們隱約察覺到自己的確有點問題，但是這麼做卻只會讓自己更加沮喪。情況更甚者，他們根本不希望被任何人看穿這一點。但是，一旦缺乏統計數據，那麼原本的「希望」就會開始變成「倦怠」，然後進一步惡化成「挫折」，到最後就是成為徹徹底底的「失敗」。

因此，你必須要擁有比「小聲音」更強而有力的東西。就像是擁有一股維護治安的力量來打擊犯罪一般。警察們會強制執行由整個社會制訂出來的一套規則，藉以維護社會的秩序。因此，就算你看到交通號誌變成紅燈也很想闖過去，但是你就是不會這麼做，因為有一個比自己「小聲音」更強而有力的力量，也許是給你開張罰單——或者發生更嚴重的悲劇，這個力量就叫做「後果」。就是一種對第三方負責任的行為，在這裡的第三方就是所謂「榮譽典章」之類的一套規則。

十誡本身也是一套規則，例如說：「不可殺人」、「不可姦淫」或「不可偷盜」。這些規則深深刻劃在猶太人和基督徒的社會中。伊斯蘭教本身也擁有自己的一套典章；佛教、儒家以及各種信仰等也是一樣。這些典章存在已久，而且還會繼續流傳下去。能讓它們歷久不衰的是因為人們對它會有所擔當，而且有助於將不同生活背景的人們融合成相同的文化或產生一致的共識。那些不具有嚴謹規範的團體和組織們，往往就無法持續擴張或經久存在。

因此，你接下來的作業就是以下幾個：

建立自己的典章，一套規範，將它訴諸文字並張貼在明顯的地方。把這一套典章和自己生命中的至親好友們分享——那些你願意為他們擔當起責任，而且在你違反典章時會願意指正你的人們。這樣一來就能創造出類似第三方的「執法力量」，藉以協助你管理自己的「小聲音」。

在我的團隊中，我們彼此互相承諾要以最高標準來要求對方負責任。我自己私下也有幾位好朋友願意這樣做。每當我不夠率真時，他們這時就會不客氣地指正我！

舉例來說，很多人都知道我習慣對許多事情持保留意見，因為我不想傷害別人的感情。但是每當我這麼做，夥伴們就無法從我這裡得到他們應得的回饋與意見。每當發生這種事情時，我的夥伴和朋友們各個都饒不了我，他們會提醒我：「你在幹什麼？我現在指正你。我才不管你心裡舒不舒服，你一定要這麼做！」

你知道嗎？這招真的很有效。就像多年前一位偉大的老師曾經教過我的：「如果你想成為大師，那麼在你的身邊就必須要有懂得嚴格要求你的人，這些人甚至會比對自己要求更高。」而這就叫做有所擔當。

在美國，我們有一些文件讓舉國上下有所擔當，這些文件就叫做美國憲法和獨立宣言。我們也建立了許多的典章和法律條文，來讓人與人之間或是個人與政府之間互相承擔起應負的責任。但是，美國公民經常看到那些原本應該貫徹執行這些規則的人們，反而成為嚴重違背典章規範的傢伙，這些人不但拒絕承認自己的錯誤，甚至還會說謊、詭辯。或許這也是美國投票率為何始終低迷不振的原因吧。

如果你違反自己所訂下的典章，人們就會對你失去信心。如果你一直不斷打破你對自己的承諾，到了最後你也會開始對自己失去信心。你將不會再支持自己，對自己投下肯定的「一票」。每打破一個承諾，你就會持續強化那個會說：「早就告訴過你了」、「這沒有什麼大不了，等會兒再說」或者「反正也不是什麼重要的事情啦」等諸如此類的「小聲音」。

你的狀況我不清楚，但我自己確實擁有一套「榮譽典章」，一套規則，它就像是我自己心中獨立的「警察大人」一般。它比我自己更加堅決、強悍。因此，每當我情緒高漲而智慧開始降低時，它往往會確保我得以繼續從事自己該做的事情。

「榮譽典章」能保護我免於受到自己「小聲音」的左右。

有關這點實在太重要了。在理性的狀況下，當你所有正面的「小聲音」一致同意做出承諾時，你往往就很容易建立起一套行為標準，或是訂出一套自我檢討系統中所需要的數據。你的「小聲音」若是能夠一直處在這種狀態下，這時你根本就不需要藉著一套典章來規範自己的行為。可是，當你身處在壓力之下，你必須面對生命中的突發狀況，或是當你覺得自己已被現實逼到完全受不了時，這時你就必須擁有一套典章來幫助自己。

這就跟海軍陸戰隊相似。他們根據這些典章不斷地進行操練，因為一旦子彈從自己的耳邊劃過，當自己被情緒沖昏頭、想要逃命時，或許你會控制不住自己。但是由於海軍陸戰隊的典章中曾經強調「不可拋棄有需要的夥伴」，因此就算面臨極大的壓力，但是由於經過無數次的演練，海軍陸戰隊隊員仍會與隊友相守在一起。你一樣也可為自己這麼做。

或許你會覺得這段內容有點沈重。因為聽起來好像是我要大家把自己的典章到處張貼在浴室的鏡子、冰箱、工作日誌，以及任何眼睛看得到的地方。但事實上並非如此。事情其實非常簡單，你只需為自己訂立幾則強而有力、有幫助的規範即可。

以我的財務狀況作為例子。我每週都會收到自己的財務報表，而我也必須面對這些數字並且負責任。企業教練也會用同樣的方式來要求自己的客戶，客戶也會照著同樣的模式要求業務團隊。這就是為什麼從裡到外，要求凡事都要表裡一致，是這麼重要的一件事情。

我再強調一次，這些可以是很簡單的幾條規範。其中有些條款甚至是你早就擁有的了，只是你從未這麼嚴肅地面對過這件事情罷了。此外，你在自己的親密關係、家庭方面、事業領域甚至對自己的一些要求（舉例來說，自己健康方面的要求等），這些規則都可以用來發揮同樣的效果。

有一條大家都必須遵守的規範是：「要慶祝所有的勝利」。

另外一條規範則是：「確實追蹤記錄自己的數據」。

或是：「絕不拋棄有需要的夥伴，也絕不放棄自己。」

以上都是一些非常簡單、很普遍，並且適用於任何人的規範。而理所當然的是，在你生命中的各種不同領域裡，你必定會擁有一些特殊的規範。但重點在於你不但要擁有規範，同時還要追蹤自己的數據，因為數字是絕對不會說謊的。空口說白話容易，你也必定可以找到各種藉口來說服自己，唯有在檢視數據時，才能幫助你、我看清事實。

追根究柢，「有所擔當」所代表的就是以下三件事：

◆願意承認自己的錯誤——坦然面對自己並且承認所有的錯誤和勝利。要求自己負起所有責任。當自己搞砸一切的時候，更要有勇氣承認自己確實犯錯。我在此並不是要你苛責自己，而是要告訴你：無論結果好壞，只要單純地負起自己行為上的後果即可。

◆感激自己目前所擁有的一切。感謝自己仍然還活著，還在呼吸，還有能力和勇

氣承認錯誤，同時感謝自己仍然可以對此做出改變等等。

◆下定決心，承諾自己今天、明天甚至終其一生所要去做的好事或善行。

因此，坦白承認自己以往的錯誤，並且負起完全的責任。感激自己目前所擁有的一切——周遭一切美好的事物，以及自己所能做出改進的能力與機會。最後，還要透過行善來充分發揮自己的天賦才華。

你會為自己做出哪些好事？你又會為了家庭做些什麼貢獻？為事業做些什麼付出？為社會做些什麼？甚至是為整個地球做什麼？

我們的組織會自願奉獻一些時間，進入校園教育青少年有關於創業、財務智商等知識，藉以作為回饋社會的一種方式。只要對「改變現有的商業界，來提昇全人類生活的福祉」這個使命有所幫助，我們就願意捐獻自己的時間、金錢、產品和服務。最重要的是，我們擁有教育、引導旁人的天賦才華。我們隨時都願意教導別人去改變自己的生命，找到真正的自己，並且活出自己心目中理想的人生。

你願意做哪些善行？或許你願意撥出一些時間陪伴孤獨、無依無靠的長者，與他好好地交談一番，這就是一種好事。但是「小聲音」可能會試著要你分心，想盡各種理由說服你不要再為這位長者付出任何額外的心力——例如：「我太忙了」或「自然有人會去做，這完全不干我的事」等等。這時，你就得藉著自己所訂立的典章來當作行事的依據。

我們每週五會利用晚餐的時間來跟孩子們討論這件事情。我們會問孩子們：「這個禮拜，你曾經做過哪些善行？」舉例來說，班或許會講，他有幫助老師打掃教室；柴克或許會說他有餵食我們家養的小狗。任何事情——事情不論大小都好。重點在於要培養他們有所擔當的習慣。

你必須要為自己過去以及未來的任何作為所可能帶來的後果負責。因此，有所擔當包含了自己的過去、現在以及未來。

你曾經做過什麼事情？要有承認的意願。如果你所做的跟當初自己所講的不一樣，那麼你就要試著去彌補改正？不斷追蹤、加以記錄，因為實際行動遠比耍嘴皮子來得有份量許多。

總而言之，就是要採取行動。成天掛在嘴上一點用處也沒有。因此，在強調要有所擔當的本章結束之前，我藉著以下一則故事來表達我想要告訴各位的意思。

在猶他州鹽湖城附近有個社區，當地一位極有名望的人，買了五十本我之前所寫的《富爸爸教你逆勢創業》，送給當地高中橄欖球隊所有的球員閱讀。這些球員們被要求在暑假舉重、鍛鍊體力的期間，亦即秋天球季開賽前要看完這本書，並且一起研究討論。他們開始詳加研讀、熱烈討論，並為自己的球隊重建一套「榮譽典章」。我當時對於該球隊其實一無所知，直到某天我為了另外一個課程來到鹽湖城時。當我抵達會場時，我被該球隊某位球員的家長攔住，他懇請我為球隊講一番話。而當我緊接著聽到有關這支球隊的故事之後，我非常高興地接受了他的請求。

在那天球隊練習結束後，我站在這些高三年輕人面前，而他們也將他們所制訂的「榮譽典章」拿給我看。他們的教練完全未插手這整件事情——完全由球員們自己一手包辦。他們制訂了一些例如：「絕不拋棄有需要的夥伴」、「隨時照應其他隊員」以及「願意隨時指正違反典章的夥伴」等等。

我徵詢了一位高年級的前鋒，問他從閱讀本書以及制訂典章的過程中學到什麼重要的事情？他回答我，說道：「我們學到最重要的一點，那就是勇於在隊友面前指出自己的錯誤。」

完全被他說對了……。當自己把事情搞砸了，卻還願意在那些受到這整件事情影響的人們面前公開承認過失，這的確是一件非常困難的事情，但卻又這麼重要。

當聽著這些坐在板凳上、眼睛閃閃發亮（有些甚至還含著淚水）的年輕人，一個個訴說著自己在制訂「榮譽典章」後的第一場比賽的故事時，我也情不自禁地熱淚盈眶，因為我在跑遍全球十多個國家的各種演講場合中，從未像現在這麼地受到感動過。球員們向我解釋，他們的球隊在參賽前從不被看好過，而那場比賽面對的是去年的州立冠軍隊伍。結果，他們不但跟對手打到延長賽，而且還贏得了最後的勝利。

我問他們：「你們在做到這件事情之後，心中有何感受？」

「我們知道自己一定會贏，因為我們擁有『榮譽典章』啊！」他們說：「因為我們確實相信自己球隊中的每位夥伴，大家絕對不會讓其他隊友失望。」

這群年輕人下定決心要自己擔起責任。他們為自己訂了一套「榮譽典章」。他們也曾公開地互相指正。他們的熱情和偉大的胸襟深深觸動了我的靈魂。

就算我曾經站在數千人面前演講，也曾與世界頂尖的企業領袖們合作過，但是我從未像此時此刻一般，站在這個充滿汗臭味的更衣間裡，真實地體會著這麼榮幸的一刻……。在這個充滿挑戰和歧路、誘惑和捷徑、非常複雜又變化不斷的年代中，這些年輕人為了彼此而立定腳跟。他們了解到團隊、典章和忠誠的意義，這確實是人生中相當值得捍衛的一些事。這會讓他們與其他大部分的同學之間發生截然不同的內化，他們將會把這種價值觀帶進自己的這一生中，尤其是在未來的人際關係裡。

那麼，請問你在做什麼事情？我敢打賭說，大部分正在閱讀本書的讀者，應該都比這些年輕人還要年長得多。有些人的年齡可能還是他們的兩倍甚至三倍之多。因此我想請問你，你是否跟這些年輕人一樣有所擔當？

說到管理「小聲音」，你必須擁有某種程度的擔當，以免「小聲音」不斷說謊、逃避或捏造事實。

假使你腦海中的「小聲音」跟你說：「喔，這不一樣。他們還年輕。那個是橄欖球隊的關係」，那麼，你或許需要跟我一起站在那個更衣室裡，讓這些年輕人為你上一課。因為他們說了一句我永遠不會忘記的話，他們說：「當一切塵埃落定，你僅剩的就是自己的榮譽。」

請你擔起自己的團隊、家庭、事業、社會等責任——當你對更多人擔起責任，你就能服務更多的人，造成更大的影響力，並且體驗到無與倫比的回報。你將會對周遭的人們產生極大的漣漪效應，你將能在這個世界上創造出更大的改變，進而讓自己的生命更加豐富。如果你不敢對任何人有所擔當，那麼請你至少為了自己的孩子擔起應負的責任；而最重要的是，別忘了要對自己有所擔當。

千萬不要對自己失望——或許你窮其一生已有太多讓自己失望的經驗。建立一套規範讓你擔當起自己的責任，並在任何情形下都加以遵守。或許你會再次犯錯……但是這也沒關係。簡單扼要地承認它、修正它，然後繼續向前邁進即可。如果你有經常違反同一條典章的情形，那麼請你不妨尋求外在協助。有關這一點也可納入自己的「榮譽典章」中。只要這麼做，你將會看到自己的表現出現明顯進步，而自己的動作和效率也會同樣地大幅提升。

可能少數一些朋友不願再跟你交往，因為他們一直想要扯你後腿。他們希望你變回以前那個邋遢的模樣。但是千萬別讓這種事情發生。就像我稍早之前所曾提過的，你值得跟最優秀的一群人為伍。

藉著一套典章以及你所創造出來要有所擔當的數據，就能督促你充分發揮潛力。藉著每天和每週不斷檢討（頻率越高越好）這些數據和典章，無形中就會讓你三不五時地檢視自己的表現。它們會告訴你，自己真正的表現是如何？光是願意把這一章看完，你就已經展現了自己願意更進一步採取行動來做改變的決心了。因此，請在坐下並且開始動手做之前審視一次你自我要求必須完成的作業，這麼一來，你就已經立即提高對自己的要求標準。

我知道你一定可以辦到，因為是你主動拾起了這本書。你內心深處中的某一部分早就在期待這一天的到來，等你踏出這一步。有時，徹底檢討自己確實需要極大的勇氣，但是你必須這麼做。我相信你一直很清楚明白這個道理。那麼就讓我們趁現在一勞永逸地解決這個問題，好嗎？

第八章
如何排除小聲音設下的自我限制

在十分鐘內創造五萬五千美元的銷售與收入！四天之中交出五十多萬美元的銷售佳績，而且這是在對產品沒有任何概念、也沒有任何名片宣傳單、更沒有網頁資訊等的情況下，由一群說著不同語言的人們，跨國銷售收取不同幣值所創造出來的結果。怎麼可能會發生這種事情？在我們的課程當中（如同前述案例所述），為什麼可以讓一群極為普通的學員們，在短短十分鐘及四天課程之內，創造出比他們原先在四個月之內（甚至是一整年當中）更高的收入？

這是因為在我創業及從事培訓近三十年的光陰當中，我清楚知道：在你的內心裡，住著一個無與倫比、非常巨大的真我，遠比你想像和認為的更加有能力。雖然我不認識你這個人，但我猜測你根本不瞭解自己本身到底有多麼偉大。

這就是為什麼我畢生致力於發掘如何重新喚起自身內偉大的精神與能力，同時教導別人獲得同樣的本事。本書的目的，就是要提供你實用的工具，確實幫你排除限制自我的小聲音，讓它不再破壞或限制你與生俱來的天賦才華。

在你的內心裡，住著一個無與倫比、非常巨大的真我，遠比你想像和認為的更加有能力。

讓我舉個例子，來說明我前文想表達的意思。你是否曾經身處於數千人的室內活動場所中，結果突然在喧囂聲中，聽到了一個嬰兒的啼哭聲？你確實聽得很清楚，是吧？那麼我問你，那個嬰兒是否對著麥克風在啼哭？想當然是沒有。但你仍然可以聽到這個嬰孩的哭聲，就算你周遭的背景聲一片吵雜也一樣。為什麼會如此？因為當你誕生於這個世界的時候，是一個碩大無比的存在體，你的存在和意志都非常地巨大。當你聽到那個嬰兒啼哭的時候，你甚至無法聽清楚身邊不遠處人們的談話內容。

那麼，我們要如何重新喚起這種巨大的存在？為什麼就算我們辛苦、勤勉地工作，負起各種重責大任，追求的目標看起來卻如此遙不可及？就如同我稍早所說的，如果你能排除自己的小聲音，那麼你巨大的真我就會浮現。我們在第六章曾經提過，任何**結果**都是自身行為、態度與制約反應所產生出來的。

從這本書起草之初，我體會出一個實實在在的關鍵要素，它幫助了數千人在財富、健康、快樂及拓展生命等方面，產生了空前的改變。如今我想跟你分享，不知道你是否有興趣？我敢打賭說你有。

接下來，我要分享的體悟與方法，並非我自己的原創。如同我一直重複在說的，我這輩子如果擁有任何成就，是因為我很有福氣，擁有為數眾多、卓越的良師益友、老師與教練等，他們不斷地給予我持續不輟、紀律嚴明，甚至近乎無理的要求以及指導。

就最近來說，其中一位這樣的良師益友，就是我的體能教練麥克・紐頓（Mack Newton, www.macknewton.com）。他個人擁有美式橄欖球超級盃，以及職業棒球世界盃兩種冠軍戒指，並且輔導過眾多世界著名的運動選手，能跟在他身邊、被他訓練是我的榮幸。

紐頓對如何發揮個人潛能這點，所抱持的觀點非常簡明扼要。他說個人（經過後天制約）的**信念**，都是以你本身的自我認知，或是你如何看待自己的方式，來作為基礎的。我稍後會盡力對這點做進一步的闡釋，但在這之前，我懷疑你的小聲音已經開始蠢蠢欲動了！你甚至還可能已經產生一些情緒上的反應。這是一件**好事**！如果這確實發生了，就代表你在這領域當中已經開始熟稔了，並且開始更能彰顯真我。請務必相信我這點！

紐頓說的，其實很簡要：「**你永遠無法達成超越你自我認知的成就。**」換句話說，無論你在人生當中追逐什麼樣的成就——金錢、健康、親密關係、成功等，不管你多麼竭盡心力，是永遠也無法超越你對自己本身的看法。如果你認為自己不懂得銷售、不擅長業務工作，或認為自己不夠聰明而無法學會某些本事，甚至認為：「自己就不是這塊料！」那麼你是**永遠**無法在業務上創造出自己理想中的收入。

如果你認為自己太老或太年輕了、不夠聰明、體重太胖或太瘦、有什麼樣的障礙等，那麼你個人所能達成的成就，便會因此受到限制。當紐頓這麼跟我說的時候，我便豁然開朗：所有成功的例子、所有獲得勝利的人們，以及那些雖然動機良善又認真努力的人們，為何到頭來卻無法獲得公平、合理的回報，都是因為這個道理。你們能瞭解我在說什麼嗎？

無論你在人生當中追逐什麼樣的成就——金錢、健康、親密關係、成功等，不管你多麼竭心盡力，是永遠也無法超越你對自己本身的看法。

紐頓做了更進一步的說明，他說你的**自我認知**，是由三種要素所構成的：

一、你本身的**自我理念**。這些理念就是你從別人身上，尤其是你會以為榜樣的那些人們身上，所觀察到的人格特質。對我而言，我會致力於追求與金恩博士、約翰•甘迺迪等人一樣的領袖特質。在從商、創業方面，我致力於追求我一些良師益友在事業與金錢方面的成就。我也渴望擁有像達賴喇嘛般的智慧、平靜與天人合一的境界，並獲得像我父親與祖父所具備的大家長風範，同時追求紐頓所擁有的健康與體態，以及具備像亞倫・華特精通駕馭小聲音的本事等。這並不是說，我已經具備了這些人格特質，這些特質是我所抱持的理念、想要成為的樣子。但是這麼說，並不代表我能夠接受這些榜樣們所具有的負面人格特質，我只是擷取自己想要的理想特質罷了。

該怎麼做呢？先找出你的榜樣。如果你要列出心目中最理想的**自己**所具備的人格特質、技能和態度，那麼在古今中外，是哪些人具備了這些特質？你不一定非得要真正認識這些人，只要曾經讀到或知道的就可以了。把這些人列舉出來！

二、根據紐頓的說法，**自我認知**的第二個部分，就是你的**自我形象**。那就是當你在照鏡子的時候，看到的到底是怎樣的一個人？你是否認為自己是一位優秀的家長、朋友、愛人或伴侶？我當然知道，有時我們的小聲音會對此產生自我懷疑，但是當你對不斷苛責自己的小聲音說：「停！」了以後，你到底是如何看待自己的？

你是否看到了一個美麗無比的身體，它渴望獲得鍛鍊，並能充分適應那些能彰顯真我的各種運動練習？你是否能接受自己是一個聰明的生意人，只是還沒熬過摸索的階段？你是否認為自己是一位絕佳的溝通者，具有永無止境的學習渴望？或者，你所看到的是一個擁有一些壞習慣，一個已經太老、又不夠聰明、也沒有福氣來做出改變並學習新知的傢伙？我用這樣的說法，你是否能瞭解我所講的「小聲音」是怎麼一回事？它可能在你毫無察覺的情況下，一直在傷害你！

該怎麼做呢？先列出在你內心自我對話中，能鼓勵自己並壓制負面小聲音的內容。例如：「我喜歡我自己，我一定能做得到！」「我是個優秀的業務人員，每次練習都越來越行」「我很堅強，無論生命帶來什麼樣的挑戰，我都能面對」「我愛大家，我是人際關係的專家」等，你應該知道我在說什麼。每當你內心情緒澎湃波動時，就一直對自己重複這些對話，突然間你會發現，事情變得比較好辦了！周遭也開始出現美好的事物。

三、你的自我認知當中，包含了多大的**自尊心**？你對自己的感覺如何？針對自己最深層的人格特質，你究竟是否喜歡自己？你很喜歡自己，還是不斷地在心裡面苛責自己？你是否充滿榮譽心，並且好好地對待自己，還是反過來不斷地糟蹋，甚至瞧不起自己？你是否打從心底深處，喜歡你自己這個人？

舉例來說，如果你想要減重，你很清楚多吃一塊巧克力蛋糕，對自己是沒有什麼幫助的，對吧？但是你的小聲音卻說：「多吃一塊，也沒有多大差別嘛！」你之所以會貪吃那塊蛋糕的理由，就是因為你沒有什麼自尊心，否則你怎麼會**有意識地**傷害自己？你願意從事一些你知道對自己很不利的事情，就是一種沒有自尊心的表現。蛋糕本身是無辜的，你做出多吃一塊的決定，就已經踐踏了自己的自尊心，讓自我認知蕩然無存，更大大傷害了自己能主宰並改變自身命運的能力。

這樣，各位是否能瞭解我一直在說的「小聲音」這回事？它有時非常邪惡、狡猾，殘害你的方式罄竹難書，而你竟然毫不自覺！想要在生命當中創造出自己渴望的成果，擁有值得喝采的人生，實現自己的人生夢想，同時也幫助別人做到同樣的事情，你必須不計代價地捍衛自己的自尊心。千萬不能讓自己的小聲音打壓你，也決對不能讓它貶低、漠視你所付出的努力。

該怎麼做呢？我的意思絕對不是說你可以隨時放輕鬆，隨便放自己一馬！要嚴格地要求自己，要求自己有最佳表現。永不放棄，不斷地更上層樓。絕對不能貶低、苛責自己，更不能汙辱自己，不能讓小聲音破壞你的自我形象，讓它把你當成下等人來對待。

想要在生命當中創造出自己渴望的成果，擁有值得喝采的人生，實現自己的人生夢想，同時也幫助別人做到同樣的事情，你必須不計代價地捍衛自己的自尊心。

想當然爾，當你在輔導別人時，要對他們做出嚴格的要求，但是絕對不能貶低他們。我曾經觀察過紐頓是如何訓練他指導的一位跆拳道選手（年僅八歲）。當天，那位小徒弟的心情與態度非常惡劣，熱身時拖拖拉拉的，看起來極度疲倦，而且很明顯心有旁騖、無法專心上課。紐頓見狀，立刻走到那位小徒弟的身旁，當著他的面說了一些我這個做父親的，這輩子絕不會忘記的一番話。

紐頓說：「我真的很愛你，你是個非常出眾的小孩，我們都很清楚這一點！但是我絕不容忍你目前所展現的態度，請你立刻做出改善！」我看到這個小孩的眼神中同時含著淚水與敬意，然後就趴到地上開始做握拳伏地挺身的訓練。我永遠不會忘記紐頓的叮嚀：「要不計代價地捍衛別人的自尊心。」他把負面行為和個人本身做出了區隔，因此能同時保護那個小男孩的自尊心。太棒了！而且紐頓帶的每個小孩，個個都

愛死他了！

為什麼我要一再地強調這件事？因為在最近一次某家非常著名的直銷公司所舉辦的課程當中，在座的都是一些老闆級的重要人物，我就被學員們問到這個問題：為什麼我要孜孜不倦地從事教學工作？為什麼我一直努力在設計的課程，都能讓學員們在最短的時間內，創造出卓越的成效？我在當場不假思索就回答了他們。

我之所以持續這麼做，是因為近三十年來，成功培訓了成千上萬像你一樣的人們。我很清楚，真正的你是多麼地偉大，你的精神與靈性又是如何地崇高。如果你沒有看見就算了，但是我看得到！這就是為什麼我會竭盡所能地把你放到各種情境中，讓你獲得空前無比的成就，使你的自我認知從此發生不可逆的改變。不管你的小聲音對你說了些什麼，我只要能讓它稍稍無從發揮效果，強迫你在課程當中學會賺大錢、

察覺到自己的真正能力，並感受自己的能幹就足夠了。或許在課程一開始時，你會有點忐忑不安，但是這將永遠改變你的自我認知，你是絕對無法否認自己曾經親自做到的成果。

身為老師、父母、領袖與朋友的你，這才是你真正的職責。

你內心存在一個碩大無比的精神與存在體，藉由重複的自我對話、精通小聲音管理技巧，以及不斷地讓自己迎接新挑戰等，你的這一面就會自然而然地彰顯出來。花點時間檢視你的自我理念與自我認知，制訂屬於自己的一套榮譽典章來保護自己，免得淪為小聲音的受害者。這麼做會迫使你面對挑戰，以充滿榮耀和尊敬的心態來對待自己。如果你確實這麼做了，那麼你的自我認知就會大大地提升，同時你生命中的各種成就，也會一併水漲船高。

第九章
人們失敗的四種原因與解方

人們之所以會失敗，原因都是一樣的。一旦你知道造成這些原因的小聲音處理方式，那麼各種資源、親密關係、財富、健康與歡樂，都將源源不斷地蜂擁而至。好消息是：失敗只有四種主要原因而已，其中有些我們已經提過了，但是其餘的原因，很多人卻從未想過。

失敗原因一　恐懼

到現在，這個因素應該是再清楚也不過的了，畢竟我們對這點已經講過很多次。害怕別人對自己的看法、害怕在別人面前丟臉、害怕被別人排斥，或者害怕失敗等，種種屬於這類的小聲音都出於恐懼。但第二個原因就不這麼明顯，這點是由亞倫・華特清楚地為我指了出來。

失敗原因二　疲勞

你就是失去動力，雖然這個時候的你，已經能**清楚看到**夢想實現的未來，也具備充足的人生歷練、夠成熟，但就是缺乏精力並感到很疲倦，無法對事情持之以恆。然而，想要實現夢想、使命或任何你想要的事物，都是需要花費大量精力的。

結果，你開始變得憤世嫉俗、充滿挫折感，滿口「我的人生原本會……」，而不是「我準備將來要……。」這就好比一位馬拉松選手，拖著疲倦的腳步跑過漫長的路途，雖然在遠處隱隱約約已經看到終點線，但是不知怎的就是無法跨越終點線。

有**兩種**因素，會讓疲勞產生。

其一是基於不良的飲食習慣、不良的睡眠習慣，以及不良的身體狀況等所引起的健康問題。絕大部分的人身體狀況並不是很好，缺乏足夠的精力、能量與耐力，來實現自己渴望的夢想，因為他們的身體就是應付不來。針對這點我就不再深入探討，但是根據阿門診所（Amen Clinics）醫學博士丹尼爾・阿門（Dr. Daniel G. Amen, M.D.）指出，美國由於不良的飲食習慣與過重人口不斷攀升所致，已經開始嚴重侵害美國人做決定、思考及解決問題等能力。關於這點，完完全全屬於小聲音方面的問題，只需要一點點決心、自律，以及優質的輔導員就能解決。

有時就算你的身體狀況毫無任何問題，但就是會有力不從心之感。為什麼會發生這種狀況，要怎麼解決？你猜對了！這又是另一種屬於「小聲音」範疇的問題。在此，請容我借用亞倫・華特所舉的例子。根據他的說法，人人誕生在這個世上的時候，擁有非常豐富、大量的「生命粒子」（life force particles）：

生命粒子是整個宇宙中最基本的力量。所謂「粒子」，就是某個整體當中的小碎片、塊狀或片段。因此，生命粒子可視為生命泉源所分出來的，被稱為「你」的這一小部分。你所擁有的力量與能量水準（情緒），完全取決於你所能運用的生命粒子的數量來決定。

華特繼續說道：

生命粒子是如何被卡住或失去的？

範例：把它視為你不斷流動的生命之河。讓我們姑且假設，你這輩子誕生的時候，擁有兩百萬個正極的生命粒子。

2,000,000　出生前

-269,500　誕生　　誕生的過程當中，你受到一些外傷

2歲

3歲

-117,500 4歲 你在嬰孩時期，生了很多場病

-31,400 5歲 第一天上學：別的小孩都取笑你與眾不同的名字和體態

-48,800 6歲 你的父母決定搬家：你失去所有朋友

開始瞭解我的意思了嗎？

-74,000 15歲 你偷錢被逮到

-78,500 16歲 你被高中籃球校隊開除，徹底摧毀你想成為籃球明星的夢想

-69,000 18歲 你代數被當掉

-397,400 21歲 戀情以分手收場：思維架構慘遭崩潰

-170,200 23歲 應徵工作時，在被錄用之前，遭到很多公司婉拒，到頭來所獲得的工作，根本不是你原本想要從事的。❶

後來，你有了金錢方面的損失，然後第一次創業失敗，又發生了……。我想，你應該可以自己想像。因此，當你邁入三十、四十、甚至五十幾歲的時候，你的能量是如此低迷，想要振作精神談何容易？但是你的小聲音還是不斷地告訴自己，到了這個

❶ 這裡所節錄的有關於「生命粒子」的完整內容，可以在www.knowledgism.com網站上，或是亞倫．華特所著的《增加能量、財富與幸福的祕密》（*The Secrets to Increasing Your Power, Wealth and Happiness*）一書中找到。

年紀，你應該要放慢腳步了，不是一味地向前衝。就算你比以前聰明許多，更有經驗、更加老練，但你就是缺乏適當的能量、狀態、動力或心情等，來讓自己跨越實現夢想的終點線。換句話說，你就是「太老」了！我絕對不是根據年齡大小來說這點的，而是根據能量水準。我經常看到這樣的人：都是非常優秀的人才，擁有傑出的願景和絕佳的好點子，但是他們的人生已經開始走下坡了。

當然，並非人人都得面對這樣的情況。有成千上萬的絕佳榜樣，他們都是在中晚年時期，才創造了卓越的成就，如肯德基創辦人哈蘭德・桑德斯上校（Harland Sanders）、湯瑪斯・愛迪生等人。因此，**到底**什麼才是解決之道？就是學習並瞭解那些專門用來恢復已經失去或分散的生命粒子的各種處理程序。這些處理程序經過特別設計，用來排除在過往人生當中潛意識裡被封存，有時甚至是毫不自覺的情緒或震懾經驗，藉以療癒自己的靈魂並重新喚起自己的能量（若想進一步瞭解相關的處理程序，可以造訪www.knowledgism.com網站）。

多年來，我請了教練來輔導，不斷地學習、運用這類處理程序。就是這些處理程序和技巧，讓我和其他人持續不斷地擴大自己的格局、拓展自己的影響層面、深化自己的人際關係，並且改善自己的健康狀況，甚至讓我比年紀只有我一半的人還要更健康。

恢復失散已久的生命粒子，對我們每個人來說，都是非常重要的一件事，尤其是女人，在一般日常生活中更是要留意。我有一位好友約翰・葛雷（John Gray），寫了一本名為《男女大不同》的書，書中探討女性在人類歷史中，一直扮演著多重的角色，舉凡照顧孩童、持家灑掃、照顧鄰里、教養後代等都是長期的任務，而不像男人多半專注在短期的任務之上，如狩獵、爭奪、戰爭與興建修築等。

根據葛雷的說法，女人傾向「為這麼多人操這麼多心思」，必須一直付出她們的能量、注意力與關心，因此不斷地將生命粒子分享給他人，散播得到處都是。結果會如何？一天結束的時候，她們會因此感到疲憊不已。我所認識的丈夫們都會同意，他們每天聽到太太抱怨次數最多的時候，必定是一天結束的時候，她們都會說自己感覺好累，而且事實上也的確如此，畢竟**事出有因**。

好消息來了！能將生命粒子重新召喚回來最快的方法之一，可以用兩個字來代表——**感激**。只要簡單地表示或說出內心的感激，你就能把分散的生命與能量粒子引回自己的身上。該怎麼做呢？亞倫・華特建議的處理程序非常簡單，只要每天對那些在日常生活裡，你個人非常重視的事物表示感謝之意，你就能吸引更多自己重視的事物到生活當中，便越能活出真正的自己，改善家庭、健康、財富、愛情、團隊、人際關係等。

你瞧，就是這麼簡單！如果你想要別人在你的鼻子上打一拳，那麼你可以狠狠地揍那個人的鼻梁！如果你想要獲得別人溫暖的擁抱，那麼就請先擁抱他人。如果你想獲得更多的感激、愛與尊敬，那麼自己就先表達出來吧！

感激你所擁有的一切，並且向他人表達自己的感激與認可，就能將這些粒子召回自己與周遭親朋好友的身上。簡單一句發自內心的「謝謝你」，就好比將全新的能量、新的血液和新的生命，重新注入自己和別人的生命裡。

如果你想獲得更多的感激、愛與尊敬，那麼自己就先表達出來吧！

華特把他自己「日常的感激流程」教給我們，這個流程是專門設計來幫助你重新喚起每日的能量與精神。我所知道每個採行這個流程的人，在連續做了幾週之後，都跟我反應說有極為神奇的會議、事件、資源與機會，出現在自己的生命裡頭。

隨著重拾失散的生命粒子，你也會重新喚起自己的智慧和志氣，吸引更多自己想要的事物到生命之中。這就是為什麼有錢人會越來越有錢，健康的人會越來越健康的原因，你也將體會到自己原本天命的偉大。華特說，一旦你開始做這個程序，將會發現自己都在正確的時機、運用正確的資源，與正確的人做正確的事情，並且獲得正確的答案與成果。

失敗原因三　見不得自己獲勝！

有些人無論你給他們多好的資源，他們就是無法好好運用，也無法長期維持成就，甚至會刻意找方法搞砸原本美好的事物。你是否認識這樣的人呢？誠如我在第八章說過的，他們的自我認知實在是太低微了。他們的自我形象認為自己實在太渺小、缺乏經驗，也不夠資格等。他們總認為應該會有更多時間獲得金錢，才開始動手打造屬於自己的夢想，完全不敢想像**現在立即**可以變成自己一直渴望的**真正的**自己。**現在**就立即成為自己許久以來，一直渴望成為的那位偉大的事業夥伴、家長、溝通者、朋友或是創業家等。好好看著、感受著，體驗當下真正的自己。請立即調整你的自我認知吧！

失敗原因四　太早放棄了！

有太多、太多的人們，在尚未勝利之前就太早放棄。我親眼看到無數的人，有了好主意並付出很多心力，但因為自己小聲音的關係，讓他們無以為繼。這些小聲音包含了：「這件事絕對不會發生。我已經花了太多時間，這件事情太難了、真的太難了、太……」等。很不幸的，因為如此，他們太早放棄自己原本的夢想與理想。雖然轉捩點就在眼前，但他們無法看見。

每當你著手一件新的事情，或是嘗試做出改變，你的相關能力必定看起來很弱，對吧？舉例來說，假設你現在努力想鍛鍊出健美身材，但是才做了五個伏地挺身，兩隻手臂就好像變成果凍一樣軟綿綿。更糟的是，當你運動了兩、三回之後，卻渾身酸痛得不得了，連再動一下的力氣都沒有。更常見的是：每當你嘗試新的減重法，雖然一開始會減少幾公斤的體重，但是過了一陣子之後，無論再怎麼努力，體重計的數字就是不動如山，你也開始認為自己不會再有什麼進展了。

在這個時候，你的挫折感直線上升。你渴望更快獲得成果，也受夠了這種軟弱的身體狀況。運動的時候是一點都不輕鬆的，這是很正常的。不幸的是，當小聲音切進來的時候，它都會告訴你一大堆理由，說服你這麼做是根本毫無意義的。例如：「應該不會這麼痛苦才對。你已經太老了！不能再糟蹋身體了。應該還有更好的方法才對。我的身體不適合用這種方法減重」等，你甚至會在日常生活中找到許多支持小聲音論點的證據，來強化你放棄減重的決心。

但是，隨著時間流逝，如果你願意堅持、忍耐，熬過學習的成長曲線，就會更加得心應手。直到有一天，在那個突破的時刻，你將會體驗到那個「**啊哈！**」（我懂了、我做到了）的時刻。就是在這個時刻，你的小聲音會開始說：「我的天！我真的感覺到我變得更強壯了」、「哇！這麼多階梯，我居然一下子就輕快地爬上來了」、「剛剛竟然有人跟我說我變苗條了」等。

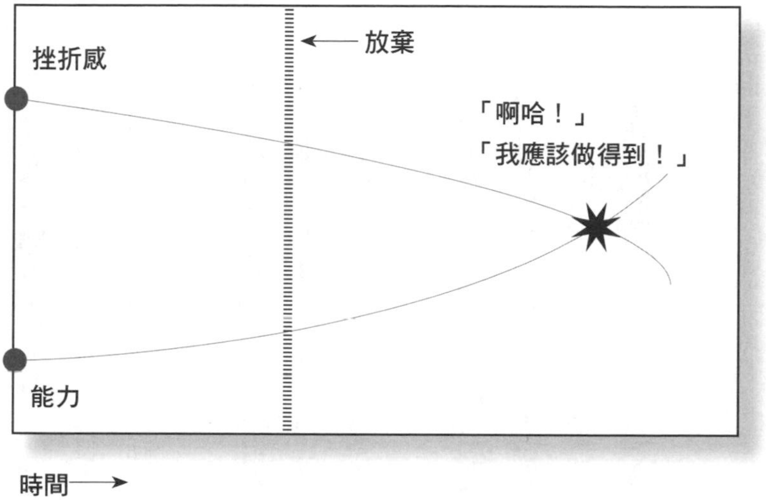

圖一　挫折感與能力曲線圖

取得授權使用，摘自吉姆・哈里斯（Jim Harris）《情緒學習》（*Emotional Learning*）一書

隨著時間流逝，如果你願意堅持、忍耐，熬過學習的成長曲線，就會更加得心應手。

就因為這一些小勝利、一些「啊哈！」的時刻，你會充滿幹勁地持續學習、成長下去。隨著時間過去，你將會親眼看到自己越來越行，原本的挫折感逐漸被滿滿的自信與自豪所取代。但問題是，絕大多數的人在尚未到達「啊哈！」的時刻之前，就先自行放棄了。

那麼，針對這種小聲音的解決之道為何？你或許聽了不會喜歡，但這是我的解決之道。你必須將整條成長曲線向左邊移動，強迫自己在小聲音說服你放棄之前，先到達「啊哈！」的時刻。該怎麼做呢？藉著實施下列要素來進行，我以自己跟著健身教練麥克・紐頓做運動來舉例：

1. 針對自己想要精通的領域，**高頻率地**接觸並**完全聚焦地沉浸**其中。你要不斷地學習、思索，討論如何健身並提振健康，讓這項議題瀰漫在自己的日常生活當中。你要毫無保留地相信自己設下的目標，每天從事健身活動。

2. 健身時要有**高衝擊性的體驗**。每次健身的活動量都非常地重，需要專心一志地完成。

3. 盡量**壓縮所需時間**來完成你設定的目標。每次先熱身十分鐘，接著再進行三十五分鐘密集的健身，而不是每次費時三小時以上。

4. 在**受控制的環境**下健身，以確保產生加速式的學習效果，並排除任何分心的因素，給自己嚴格的規範，確保完成預定目標並產生績效。健身時，必須前往健身房，並有教練在場盯著。

5. 對於數字和統計資料**高度負責**，在專業技巧和小聲音兩方面，都要有**嚴格的紀律**，並**接受良師益友的直接輔導**。每天，你都要站上體重計量體重，記錄自己攝取的食物和飲水量，並且完全遵照教練的指示，有紀律地服從教練在身心方面給予的訓練，好好鍛鍊自己的心智與身體。

將整條成長曲線向左邊移動，強迫自己在小聲音說服你放棄之前，先到達「啊哈！」的時刻。

請容我在此舉個實例。在我開設的某套課程當中，我會在五天之內，教學員如何打造百萬美元的事業。我會在當場強迫學員們賺到屬於自己的收入，藉著架構上課環境和訂定規則，來催化加速式的學習效果，讓學員們聚焦於特定任務上，即銷售特定課程與產品。而且，我只給他們乍看之下似乎不可能完成的時限，同時嚴格監控、衡量銷售流程當中的每個環節。我曾經讓一小班學員在十分鐘之內，創造在現實生活當中超過五萬五千美元的實際收入，並在五天的課程當中創造出五十多萬美元的業績！

每次在進行該課程的時候，都會發生一件事：學員們會親身體驗到自己是個**大贏家**的感受。發生在他們身上的，不只是一次「啊哈！」的事件，比較像是「我的老天爺！」這樣的感覺，諸如「我根本不敢相信自己能做到這件事！」的感受。因此，他們之前在腦海中認為自己能否做到某些事情、需要多少時間來完成這些事情，以及他們能完成多麼巨大的任務等，那些先入為主的看法在此刻完完全全地被顛覆了。

在這套特定的五天課程當中，我利用創業遊戲和金錢遊戲，強迫學員們賺到屬於自己的金錢。一旦他們把錢放到自己的口袋時，他們的小聲音和在精神上，都會**徹底相信**自己確實能夠做到。這點在上完課之後，當他們接獲自己所賺到的那張可兌現支票時更是如此。

就是現在，讓你成為自己一直渴望想要成為的模樣。請藉著壓縮時間的方式，將成長曲線平移至左側，在你腦海裡的小聲音還來不及說服你提早放棄前就先做到，你的人生會從此不再一樣。為什麼？因為一旦你親自嘗過自己真正巨大的精神與力量，你就再也回不去了。就算小聲音仍然會處處給你掣肘，但你會永遠忘不了自己曾經完成過的功績。

壓縮時間，將成長曲線平移至左側，在你腦海裡的小聲音還來不及說服你提早放棄前就先做到，你的人生會從此不再一樣。

所以，為了確保自己不再淪為失敗的受害者，**同時**讓小聲音瞧瞧誰才是**真正的**

主人，請找出這四種失敗原因當中，有哪些一直在殘害你自己，並利用建議的方式予以應對，**立刻成為**你一直渴望的人物！

我們企業教練夥伴們，提供了為期六週、每週一小時的一對一小聲音輔導課程，其中的內容都有涵蓋到前述這四種問題，有系統地幫你駕馭一直妨礙你收入上限、實現夢想及自我認知等的小聲音。接受過這項輔導的人們，在六週內所達成的目標，往往超過自己以往在六個月內所能達到的成

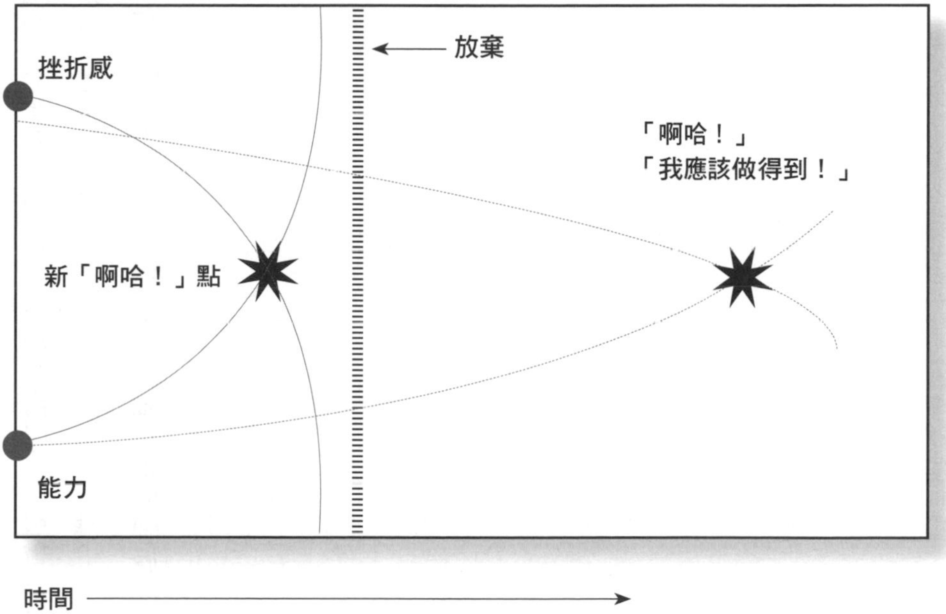

圖二　在提早放棄之前，藉由壓縮時間，先將成長曲線平移至左側

就。你的潛在精神力量是巨大無比的，你需要做的，只是稍微給自己一次機會就行。

如果你想要獲得更多關於「六週小聲音培訓」的訊息，請造訪www.littlevoicementoring.com網站，申請一回三十分鐘的免費輔導（本活動僅限於部分地區）。

第二部

精通小聲音管理的技巧

● 二十一種管理小聲音的技巧
● 最後一則故事：駕馭小聲音的力量
參考資料

第十章
二十一種管理「小聲音」的技巧

銷售能力是從商創業時最需要精通的技能，其理由有幾個。身為一個創業家，你必須向顧客們從事銷售來創造現金流，還要將自己的公司和願景賣給上游廠商、投資金主、團隊夥伴、貸款機構、以及社會大眾。無論是哪種角色或職位，想要在現實世界中獲得成功，你必須要能藉由溝通和談判來獲得自己冀求的各種成果。但是有時候最困難的銷售，就是如何先搞定自己。你是否曾經因為一個好的想法而跟自己爭論不休？我想是的。

這就好比說當你在腦海中想著：「我今天應該要去健身房運動了。」而另外一個你卻說：「不用了，我太累了。」所以你跟自己說：「你這個懶惰蟲——起床了！」結果你的「小聲音」開始爭論：「不行，我太累了。兩個禮拜以前我才去過，這樣就足夠了。」

每個人都應該很熟悉這場戰鬥。說真格的，獲得鉅額財富並達到個人成功的祕訣，就是要打贏自己內心對話的這場戰爭。每當你需要籌措資金、面對老闆上司、向顧客兜售、安撫團隊夥伴、或者說服自己採取行動的時候，這類的對話就會浮現在腦海中。每個富有的人都很瞭解這種戰鬥，並且在某種程度上都知道要怎麼做才能經常打贏，而不是敗給它。

如果你願意的話，亦可稱之為「內心的對話」，用來幫助他們度過困境、情緒不佳、低潮沮喪、甚至壓力極大的時候。就是這種內心的對話，或者「小聲音」管理，才能讓他們藉此扭轉劣勢。這種技巧也被偉大的職業運動員所採用。例如以飛人喬丹（Michael Jordan）為例，他如何在生病並有肺炎的情況下抱病上場，還能得三十幾分來幫助自己的球隊獲得勝利？他是如何迅速地轉移焦點，不但立即改變自己的心態，甚至還可以更進一步影響自己的身體狀況？

我整理了一系列各自獨立的技巧，可以讓你在任何時候派上用場。這裡頭有許多技巧是多年來我自己的精神導師和教練們所傳授給我的。這些技巧就叫做「小聲音」管理技巧。

稍早我們提過什麼是「小聲音」而且它又是屬於誰的。我們也進一步說明了「小聲音」來自於你自己潛意識對於某些特定事件的記憶。根據我們目前對於潛意識的認識，它比較容易記得那些有情緒伴隨發生的事件。如果當時產生的是負面的情緒，我們很可能需要更久的時間才能淡忘。舉些例子來說，試著回想自己以前失戀心碎的時刻、上次自己賠錢損失的情況、或者你把錢借給別人，而他再也沒有還給你的傢伙。

在本書稍早時採用過一個例子，因此我們再來回顧一下。假設說你我共事了幾個月，我們也相處得非常融洽。結果我忽然平白無故地跟你說：「我現在手頭有點緊，如果你現在借點錢給我，我很快就會在一、兩個月後還給你。」如果你對於這種事情有過負面的經驗，這時候會發生什麼樣的事情？你腦海中的「小聲音」立刻就開始想：「說的跟真的一樣！上次跟我這麼說的傢伙竟然給我擺爛。想都別想！」

立即的，我們之間的關係就發生了改變。你不再這麼信任我。你開始跟我保持距離，而且我在你身邊的時候，你會感到有些不自在；但是很諷刺的是，你這些反應跟我本人一點關係也沒有。這完全是因為你自己以往的記憶所造成的。

你很可能會再三地猶豫要不要把錢借給我，而且可以相當確定的是：你大概也很不願意冒著財務上的風險。或許這種心態對你而言是件好事（尤其當我是一個言而無信的人時）。但是，或許這並不是件好事，因為你或許會開始極度排斥任何風險，因而使得你極力避免投資不動產、建立事業、或者不願意採取任何行動來發展自己的專業技能，或致力於自己個人的成長。

這就是為什麼這些技巧是這麼地重要。它們的目的就是要協助你如何來駕馭這些阻撓你進步的「小聲音」，因此讓你不會錯過自己這輩子的夢想。

多年以前當我獲得第一份業務工作的時候，差一點就被開除，因為我腦海中的「小聲音」就差一點把自己給逼瘋了。我被迫要常常撥打電話做陌生開發。我必須在六週內賣出一堆電子計算機並達成一萬美金的業績額度，這樣子我才能接受業務訓練，學習如何賣電腦。我經常從早上九點鐘到九點四十五分之間開著車子晃來晃去，同時聽著腦海中的「小聲音」一直不斷地跟自己說：「這些東西太貴了！別人一定認為我是個傻瓜。別人一定會把我當成不速之客！」

結果接下來的一個小時我就會一面開著汽車兜圈子一面企圖說服自己，然後停下來喝杯咖啡順便休息一下，這杯咖啡通常是喝到十一點，同時還一直不斷地努力想要培養足夠的勇氣跟別人開口銷售。每每當我在決定起身出發試試看的時候，自己腦海中的「小聲音」又會再度開始攪局。「他們一定會認為太貴了！」「小聲音」會這麼說，「我沒辦法跟他們開口說話。我事先沒有約好。反正他們可能提早吃午餐去了。萬一他們把我當作白癡怎麼辦？」因此我就決定早一點吃中飯。

我完全輸掉了腦海中的這一場戰爭。這些「小聲音」真的是把我吃得死死的，讓我完全無法成交**任何的**業績。這種折磨維持了兩週之後，我的業務經理把我叫進辦公室並且把門帶上。他跟我說：「辛格，你知道你只有六週的時間把這些東西賣出去，是吧？」

我點點頭回應。「很好」他說，「因為我們一直在觀察你，而依你目前的狀況，我們決定要破一次例。」

「太棒了，」我想。「他們大概認為我是做行政管理的料！」出乎意料的，他直視著我的眼睛說：「現在的狀況就是：如果你四十八小時內沒有賣出任何東西的話，你就被開除了。」

這並非我原先預期會聽到的話。在那個時候，我非得採取一些行動不可。我必須駕馭內心「小聲音」的恐懼與萬般的不願意，並且開始**實際做陌生開發**的動作。比這件事情更重要的是：我得挽救自己的工作。接下來的第二天我陌生拜訪了六十八家公司。我什麼也都沒有賣出去。但是好消息是我重新設定了自己腦海中的「小聲音」，不再擔心別人看我的眼光是如何、持續堅持努力不懈、把銷售當成一種遊戲競賽、靈活應變、迅速恢復精力、機動靈活、並且堅強。雖然那一天我一台計算機都沒有賣出去，但是我把**自己先賣給了自己**，對我而言這是最大的一次成交。接下來的第二天我成交了兩筆業績並挽救了自己的工作；十八個月之後，我就成為公司的頂尖業務員。

我並不鼓勵大家採取相同的策略，但是我很快地就從瀕臨開除的邊緣，搖身一變成為該公司美國地區的最佳業務員，至此之後我也一手創辦了不少企業與公司。我也與不少跨國企業合作，協助人們改變身心的習慣、增加業績、並且提高生產力。我也輔導許多經理人成為優秀的領導人才、幫助創業家們迅速成功致富，也協助有需要的機構或個人打造必勝的事業團隊。

老實說，你可以學習任何有關投資股市、房地產、創辦企業、個人成長等最聰明的策略或者最頂尖的技巧等等，但是，只要你的「小聲音」一直在和你唱反調，這些招式都將完全無用武之地。成千上萬的人都報名參加過「如何迅速致富」、「如何投資房地產」之類的課程，但是每每少於百分五的人才能真正賺到大錢。你有沒有想過為什麼會這樣？因為有太多的「小聲音」都一直在說服他們不要去嘗試！

好好想一想：世界上最有錢的人們，包括比爾．蓋茲（Bill Gates）、麥可．戴爾（Michael Dell）、或者華倫．巴菲特（Warren Buffett）等人都是企業家或老闆！不僅如此，他們最擅長的本事就是都懂得如何銷售。我堅信比爾．蓋茲當年向IBM兜售自己的視窗軟體（Windows）時一定是冷汗直流。因為當時視窗軟體根本還不是他的，他還是成功的把它賣出去了！難道你不相信他那時候心中會有點害怕嗎？難道你不認為他腦海中的「小聲音」不斷地在自我懷疑嗎？但是他必定擁有一種技巧，一種內在的力量，以及堅定的信心才能協助他越過這些障礙。人們一直得不到自己想要的結果，最大的理由其實就是因為恐懼。

你必須要學習如何管理自己「小聲音」的理由，是因為這是克服恐懼的最佳辦法之一。因此在本章我將傳授你多年來從最優秀的老師、師父、心靈導師、教練、和大師們身上所學來的，最好用的一些「小聲音」管理技巧。當然啦，這其中也包括了一些我自己個人所發明出來的技巧。粹鍊出這些技巧的我花了不止一百萬美元的學費，還經歷過無數次的心碎與低潮。我現在將這些技巧直接傳授給你，是希望將來你在面對人生某些讓你充滿恐懼的事件、當你猶豫不決或者混亂開始侵佔自己的思緒時，你能擁有一整套隨時可以汲取的技巧、處理過程、系統等等，來幫助你打贏腦海中的這一場戰爭。

順便告訴你，你的「小聲音」還不止一個而已。這個意思不是說你患有精神分裂症。我的意思是在內心當中，你同時存在著一位贏家和一位輸家、一位英雄和一位膽小鬼。你自己要做出選擇，要在什麼時候讓什麼樣的聲音冒出來。如果你正感到沮喪的時候，或許你就不適合撥打銷售的電話，或者和愛人討論複雜的感情問題了。可是這樣你就不用打這通電話或者和對方進行溝通了嗎？絕對不是！這時候就是要從我即將傳授給你，「『小聲音』管理系統」工具箱當中引用某項技巧，讓你立即改變自己當時的狀態。這些工具就是專門設計來應付各種心理狀況，可以讓你在短短三十秒或更短的時間之內，立即改變自己的想法、改變你的心態、改變自己的心情、改變你的能量、改變自己的情緒等等。

任何一種工具都非常有效，但是要視當時的情況來決定要採用哪一種。以下技巧並沒有按照所謂的「重要性」，或者「學習順序」來加以排列。直接從你認為自己最有共鳴的那一種技巧開始學即可。或者造訪www.salesdogs.com網站做免費的「『小聲音』診斷測驗」，它將告訴你哪些方面很堅強，又有哪些方面需要加強自己的技巧。一旦你早知道是哪些技巧對自己最有幫助，記得務必要**一而再、再而三不斷地重複練習**。在運用這些技巧的過程中，重複練習佔了九成的重要性。

技巧1：處理成功

當美好的事情發生在自己的身上時，你會跟自己說些什麼話？當眾人都在拍你的背讚許你，這種感覺的確非常棒——你覺得自己就像個傳奇人物一般。但是，經常也會有一個嘮嘮叨叨的「小聲音」告訴你說：「這沒什麼了不起」、「你只是走運罷了」。或者這些讚美對你而言並沒有什麼太大的意義，因為你真的不配擁有這些人的讚美；甚至你會覺得非常困窘而還想要躲避眾人的讚揚。

馬汀．賽利格曼（Martin Seligman）針對這類的行為做了很多的研究。這位心理學家研究了成千上萬個業務員、專業運動員、領袖人物、父母、和小孩子們等的有關行為、結果、以及「小聲音」。撇開研究細節不談，他發現人們如何對待成功的方式，就和人們處理失敗是一樣重要的。

每當你獲得成功或者是勝利的時候，你就這麼做：

首先將你的右手伸出去握成拳頭，接著將它往回拉同時喊一聲：「YES！」到目前為止做起來都很簡單，對吧？我知道這樣子做感覺有點三八，看起來有點愚蠢，但是你需要一種肢體動作同時發出聲音才能在你的體內深處產生一個「心錨」（anchor）。做這個動作的理由以後你就會知道，因為稍後你會需要利用這個技巧來迅速改變自己恐懼或被壓抑的狀態。你必須先用這個技巧來作為其他「小聲音」管理技巧的基礎。

因此對於你每一次的成功或者是勝利，你一定要利用拳頭並喊一聲：「YES！」將心錨聯繫到體內深處。多做幾次來強化這個重點。如果有其他人在場，也可以跟這個人擊掌、握手……任何肢體動作皆可（但是我不建議用頭撞頭的方式）。**這是必要的關鍵動作，請你務必這麼做**。

現在你既然已經掌握了慶祝勝利的肢體動作，這領域中第二個技巧是專門拿來對付「小聲音」的。每當自己獲得勝利時，你的「小聲音」會對這件事情說什麼？它會說你只是走運罷了，還是這是自己應得的？研究顯示如果你跟自己說：「因為我有努力，所以這是我應得的」，或者「因為我準備好了，所以這是我應得的」等，你的能量和恢復力就會有所增加。

賽利格曼還發現這種辦法還能幫助人們獲得並累積更多次的勝利。你就算是中了樂透彩，也千萬別跟自己說：「我只是運氣好。」反而要記得說：「我當時的狀況極佳。這是我應得的。上天開始眷顧我了」等等。換句話說，一定要把成功當成自己的成就。就算其他人對於這項成果也有所貢獻，你也得需要給自己的功勞記上一筆。做業務有個老規矩：任何發生在方圓二十哩內的好事，也要歸功於自己！因為你是在跟自己腦海中的「小聲音」鬥法。這麼做也會提高自身的能量。這並不是自我妄想，而是在將自己的思維調整為成功的模式。

處理成功的第三個部分，就是要告訴自己**接下的一整週都會過得非常棒**。你是否曾經將手伸進口袋裡，結果意外發現早已經遺忘在口袋裡的二十元美元鈔票？從那一刻起，你整天都過得非常順利。忽然之間別人會幫你開門；開車的時候一路都是順暢的綠燈。就是要想像這種情況的氣氛。千萬不要用「小聲音」所想的那樣，也就是跟你自己說：「喔，這次可能算是我贏，但是我的人生還有很多問題都還沒有解決呢。」如果你的「小聲音」開始向你放這種冷箭的時候，記得要立刻跟它說：「停！」一旦你發覺到自己的「小聲音」開始不對勁了，你一定要說：「停！」如果有需要的時候，還可以大聲地說出來。我知道乍聽之下有點瘋狂，但是你必須要打斷並且糾正這種習慣性的行為模式。因為多年來別人不斷地告訴我們對於任何事情都不可以「居功」，也不可以「厚臉皮」；這些話是刻意用來矮化你、控制你用的。所以只要有所成功，請你承認就是了。

這個處理成功技巧的第四要點，就是要設法能讓這種感覺持續瀰漫到自己整個人生之中。你要能跟自己說：「這週一定會過得很順利，而且就因為這件事情，我敢打賭說今天一定過得非常棒。我的高爾夫球技也必定會更上層樓！」假使說你在口袋裡發現二十元美元，你就該跟自己說：「你知道嗎，這就是我人生的寫照。我的婚姻很美滿。我的事業順利。這是上天的旨意，告訴我事情將來都會很順利……」等等。

我知道這聽起來有一點誇張，但是若你仔細想想，偉大的運動員都是這麼做的。他們會把微小的勝利放大許多倍。你們有沒有看過美式橄欖球賽中分數落後的隊伍？每當他們向前推進了一些碼數，就會開始慶祝。他們又叫又跳，互相擊掌並且放聲大笑。為什麼？因為這麼做可以逐漸累積他們所需要的能量，準備邁向下一個成功。

技巧2：如何處理逆境？

當有人跟你說「不」的時候你要怎麼辦？這恰好跟處理成功完全相反。當有人跟你說：「說真的，我們很喜歡你，但是我們不喜歡你的產品——請你以後不要再出現了」時，此時你將滿懷挫敗的離開。這種事情的確很有可能會發生的。

在最起初的一分鐘內你跟自己說些什麼最為關鍵。因此針對這種狀況的「小聲音」管理系統恰恰與處理成功完全相反。

千萬不可以將問題和自身產生任何關聯。

我的意思並不是要你假裝自己不難過，因為這太不容易做到了。但是，比較容易做到的方式就是跟自己說：「很明顯的，我事先並不清楚他們另外在找其他的解決方案或者是產品，雖然我要負些責任，但是今天的結果並不全是我一個人所造成的。」

你千萬不可以跟自己說的話就是：「這一定是我的關係」或者「我天生就不是吃這一行飯的，我就知道我一定不會成功的」等。如果你聽到自己的「小聲音」開始說這些話的時候，記得要說：「停！」次數要多，直到你不再認同這種想法為止。特別注意，就算不是事實也無所謂。最重要的是你一定要設法學會控制自己的「小聲音」。所以得要把它歸罪於外在的其他因素。

其次，當你面對逆境的時候，要跟自己說：「這只是一次獨立的偶發事件，完全不會對我這一週造成任何影響。」千萬別反過來說：「今天我毀了，看樣子整週也都會這樣。」你必須將心思扭轉過來，把這次的事件單獨隔離出來。絕對不允許它從此時此刻繼續影響著你。甚至還要跟自己說：「我要重新打另外一通電話。又是一個新的開始。過去的事就讓它過去了。」

當你一開始練習這些技巧的時候，要大聲地說出來。這樣做所產生的影響會大很多。有些人可能認為你瘋了，這也沒關係。如果你觀察一些運動員，就在他們上場比賽之前，你可以看到他們的嘴唇一直不停地在動。奧林匹克運動會中的跳高選手們每次都會這麼做。他們在嘗試起跳之前一定會跟自己先說話。他們就是在應用「小聲音」管理的技巧，說服自己一定能跳得過去。當你一旦培養出像運動這類的技巧之後，其餘的表現就完全要看自己內心是怎麼想的。你知道我在說什麼。

第三個重點，就是絕對不可以把問題一般化。換句話說，千萬不可以跟自己說：「我在公司裡也是發生同樣的事情。這種事情老是發生在我的家裡、朋友之間、這也就是為什麼我身無分文的原因。」如果你的「小聲音」又開始說這些話的時候，你一定要說：「停！」立即喊出來並扭轉自己的心態。再次強調，要把這次事件獨立出來看待。要說一些像這樣子的話：「很明顯地這通電話不順利，但是我的人脈關係都還不錯。不是每一次都會發生這種情形。」

我們都曾經有類似「可憐的我」這種感覺，老是懷疑為什麼這種事情總是發生在自己的身上。事實上它並沒有一直在發生啊。請你仔細想想這件事情。請你回顧自己以往的記憶。事實上這種事情發生的次數，和生活中其他事情的次數相比較起來簡直是微不足道。例如有人倒車時把你的車子給撞凹了，而你立即就這麼想：「為什麼這種事情老是發生在我身上？」這種事情哪有老是發生在你身上！車子被人撞凹大概是每五年才會發生的事。如果一天之內發生個五次以上，這樣才能算是「老是發生在自己身上」吧！

因此，你要小心管好自己的「小聲音」，因為它可是會對你說謊話。

所以在你說：「停！」之後，要將事件單獨隔離出來。然後不斷地對自己說些有利於目前狀況的話：「這種事情不會發生在我生活中其他的領域；它只是一次偶發的事件。它沒有暗示我任何事情，這純粹只是一次不愉快的經驗罷了。」把這些話大聲地說出來，就算自己不相信也沒關係。重點是在重新設定自己的心態與思維。

技巧3：面對恐懼時要如何反應？

——我是從每個人身上學來的！

還記不記得我們曾經提到過要產生「成功的心錨」？我也給了你幾個處理成功的技巧。現在就要告訴你當你面對某種讓你害怕的事情——那些會害你肚子內揪成一團、背部開始冒出冷汗……等等時應該要怎麼做——因此當你發現自己面對這樣子的恐懼時，你不會自行崩潰而毫無招架之力。

無論是正要打一通銷售電話、準備跟老闆說話，或和另一半討論一件極敏感的話題，或者開口跟人要錢，甚至於邀請異性跟你出去約會等等，我們都曾經面臨過極大的壓迫感。不管你面對的是什麼樣的情況，這個技巧絕對會有幫助。

假設你的夢中情人正遠遠坐在房間的對面。你的心跳已經達到每分鐘一百多下，同時你在腦海中一直不斷地跟自己說：「希望等會兒我的表現不要像個白癡一樣。我可不想一開口就陣亡了。」事實上，如果當你走過去的時候一直在這麼想，猜猜看會發生什麼事情？你真的就會立即陣亡。你的舌頭自動和腦筋脫節，然後就跟自己預期的一樣，你的表現完全像個傻蛋。因此你要這麼做：先握緊自己的拳頭，就如同之前所講的一樣，回想起最近一次成功的事件，然後把拳頭拉回來同時斷然地說聲：「YES！」

你的身體就像是一部電腦——它是有記憶能力的。當你在每次獲得勝利之後一直重複說著：「YES！」你的身體就會產生成功的心錨，會記得那次勝利的感覺。所以一旦事情進展得不順利，如果這時候我們再說一聲：「YES！」我們的身體就會以為我們在重複上次的勝利，因此整個能量就會再度回到身上來了。這其實就是一種「制約反應」！你的能量很快就能恢復起來，你就擁有靈機應變的能力，現在你已經準備好去跟對方開口說話了（順帶一提，我不會在想要討好的對象面前做上述的過程——有可能會產生反效果）。這時候你的心態將會比以前更積極，你成功的機會自然就大大的提高了。

如果一定要我選出最重要的幾項技巧，那麼以上「處理逆境」或者「面對恐懼」這個工具應該會列為首選。

技巧4：如何藉著「彙報」（反簡報）來充分利用任何狀況？

假設說你獲得了一次勝利，也許是遭受了失敗，或者說你的腦筋一片混淆，甚至面臨窘境。只要你經歷過任何會在情緒上產生紛擾的事件時，產生的無論是正面或者是負面的情緒，一定要清楚知道你已經把它放下來了，要不然你的「小聲音」會一直處在質疑的狀態，因而阻礙你繼續成長前進。「小聲音」可能會問：「我方才可不可以表現得更好？哪些事情我可以做得更好？」每個人都應該熟悉這種質疑方式，而你一定要得先消除它，因為它們非常損耗自己的能量。混淆不清、不斷質疑自己等等的狀態，是非常消耗精神的。所以要用以下的方式來加以管理。

你要做的事情，就是在任何情緒起伏的事件發生後，要問自己一系列非常簡單的問題：

1. 到底發生什麼事情了？

當你問自己這個問題的時候，你還可以分成兩個階段：

◆ **做了哪些有用（行得通的）的事情？**

◆ **做了哪些沒有用（行不通的）的事情？**

舉例來說，假設你剛剛打了一通銷售電話而結果並不理想。接下來腦海中應該要有這樣子的對話：

「剛剛到底發生了什麼事情？」

「潛在客戶完全沒有任何表示（興趣缺缺）。」

「做了哪些有用（行得通的）的事情？」

「哦，我徹底搞清楚了他們的需求，而且對方也加以承認了。我們雙方之間也建立了相當程度的親切感，他們也對我表示擁有同樣的感覺。」

「所以做了哪些沒有用（行不通的）的事情？」

「看樣子是一旦我們開始提到價格的時候，對方就遲疑了，而當我開始提到確實合作的步驟時，他們就開始分心做其他的雜事，眼光也飄到別處去了。」

現在你已經清楚知道發生了什麼樣的事情之後，你就要問自己：

2. 為什麼？一旦你開始想這些問題，你的答案或許是：

「我們事前研究得不夠徹底。」

「我們所蒐集的數據不夠完整。」

3. 我學到了什麼？在這裡我們是想要找出習慣性的行為模式。你或許會跟自己這麼說：

「我從中學到的是：我需要加強處理價格方面的能力。我應該改善自己介紹價格的方式。與其重點放在『成本』上，或許我應該將之稱為『投資』並將注意力擺在價值上。與其說明他們需要花費的代價，是不是應該把焦點放在未來的投資報酬率上，如果他們很重視這件事情的話。」

4. 我從自己的身上學到了什麼？你或許會有這樣的回應：

「我發現一旦講到價格的時候，我就會開始冒冷汗，我知道自己經常會這樣。或許我應該想辦法克服這項困難，多多練習處理價格方面的異議。」

無論你所面對的課題是什麼，你必須將它指出來。而當你問：「我學到了什麼？」這個問題的時候，就沒有所謂「對」或「錯」的問題。這樣子就完全排除懷疑自己是否搞砸了的疑慮。你要不是成交，要不然就是沒有成交，無論哪種情形，你總是會學到一些事情。

每當我遇到非常不順利的日子，我就必須一直不斷地問自己：「我得到了什麼樣的教訓？我學到了什麼？」這個「小聲音」管理的技巧不知道拯救過了我多少次，因為你腦海中的「小聲音」遲早會開始說：

「你總算瞭解到自己是個白癡！」

無論多麼微不足道的成功，要慶祝自己所有的勝利。同時也要慶祝所有周遭其他人的勝利。

這時候你就要回應說：「才不呢！我才不相信你這一套。」或者它會說：「我學到了今天應該待在床上的。」

而你必須要說：「不對！再試試看。」直到你獲得真正的教訓為止，像是：「我學到了自己應該要多多練習簡報的技巧，成為更專業的人才。」

你需要不斷地問自己：「我學到了什麼？」然後你才有辦法在事後做出明顯的改變。千萬別讓自己的第一反應，或者「小聲音」第一次的回應成為你最終的結論。以上就叫做「彙報」的技巧。

技巧5：慶祝所有的勝利

記得要讓成功在體內產生一個心錨——無論是藉著相互擊掌、緊握拳頭、或者其他你喜歡的方法等。無論你的成功是多麼的微小，務必慶祝所有的勝利。同時也要慶祝所有周遭其他人的勝利。這樣就能幫助你逐漸熟悉贏家的感覺，並和它產生聯繫。這種感覺也將開始擴散到你周遭人們的身上。慶祝勝利也是一種絕佳的讚許方式，同時也能幫助你消弭自己對其他人，或者其他人對你的排斥感。這麼做可以創造出一種「每個人都一直在贏」的感覺。因此，只要你看到有人獲得勝利，就算對方很靦腆也要加以慶祝。他們也得學會如何居功才是。

技巧6：如何迅速改變情緒（處理低潮期）？

——亞倫．華特（Alen Walter：www.knowledgism.com）友情授權

你難免有時候會心情不好，也有些時候會處於低潮，我們都經歷過這些狀況。但是，有時候情況不容許我們耽溺於這樣的心情之中。你其他的團隊夥伴、家庭成員、顧客廠商、甚至同事同仁等，才不會管你現在的心情好不好。有許多人都得要依靠你的表現（而且附帶一提，當你處於低潮的時候，無論發生任何事情，似乎只會讓人更加地沮喪而已），所以耽溺在這種心情之中幾乎沒有什麼好處可言。因此要如何加以處理其實是件非常簡單的事情。

你要扮演諮詢顧問和「諮詢者」兩種角色，而且彼此問答的過程當中要把兩種角色演活出來。要問自己（或者需要你用這種方式來協助的人）以下這些問題：

顧問：「你現在的心情如何？」

諮詢者：「嗯……，我現在很沮喪。」

顧問：「很好，謝謝。現在再問一遍，你現在擁有什麼樣的心情？」

諮詢者：「事實上，我好像有點困惑。」

顧問：「謝謝你。請你再說一次，你現在擁有什麼樣的心情？」

諮詢者：「呃……，我不太確定自己目前的心情如何。」

顧問：「讓我們再試一次——你現在擁有什麼樣的心情？」

諮詢者：「我感到蠻挫折的。」

顧問：「好好體會一下。你現在擁有什麼樣的心情？」

諮詢者：「我認為自己是充滿挫折感。」

顧問：「很好。」

你要不斷地問同樣的一個問題，直到你能將感覺釐清成一種心情為止；在這個過程同時你也將能感受到原本負面的能量也會開始下降。當這麼問的次數越多，就越能幫助你驅散這種情緒了。到了這個地步，你就知道自己已經準備好進行第二階段一系列的問題，也就是：

顧問：「你在玩什麼樣的遊戲？」

諮詢者：「嗯，我在玩銷售的遊戲。」

顧問：「謝謝。你在玩什麼樣的遊戲？」

諮詢者：「嗯，我在玩做生意的遊戲。」

顧問：「謝謝。請你再說一次——你在玩什麼樣的遊戲？」

諮詢者：「我玩的遊戲，就是在幫助別人得到他們想要的事物。」

顧問：「謝謝。你在玩什麼樣的遊戲？」

諮詢者：「我在玩的遊戲就是服務他人。」

顧問：「好好體會一下這個答案。你在玩什麼樣的遊戲？」

諮詢者：「我所玩的遊戲就是服務他人。」

請你注意，現在所玩的遊戲不單單只是從事業務的工作而已，而是比原本更具有意義的大格局。就是因為這樣，你才知道已經找到這個問題的答案。不斷重複這個問題直到找出扎扎實實的答案為止，就算是答案有點讓人不舒服也一樣。心裡不舒服是件好事，因為你就知道應該是要開始問下一個問題的時候：

顧問：「你到底有多大？」

諮詢者：「唉…，我現在感覺好渺小。」

顧問：「好。謝謝你。你到底有多大？」

諮詢者：「我不知道。」

顧問：「謝謝。請你再說一次——你到底有多大？」

諮詢者：「跟身體一樣大吧。」

顧問：「你到底有多大？

諮詢者：「嗯……，大概跟房間一樣大吧。」

顧問：「很好……你到底有多大？」

諮詢者：「嗯，我也蠻大的吧。」

顧問：「謝謝。你到底有多大？」

諮詢者：「我跟地球一樣大！」

顧問：「好好體會一下這個答案。你到底有多大？」

諮詢者：「我非常偉大！」

顧問：「做得好！謝謝你。」

整個過程就這樣子結束了。但是光是閱讀以上的內容，或許你有意識到自己本身和情緒上可能已經產生了一些變化。下次當你有需要，或者想要幫助他人的時候，你就會發現這是一個非常有威力的過程。這個過程你可以自己一個人做，或者和自己的小孩，甚至和自己的另外一半進行。

這不是在玩弄操控他人。簡單跟對方解釋說這只是你自己「小聲音」管理工具箱其中的一個工具罷了。你的精神天生就想要擴張，而這個過程就是在幫助它這麼做。

當你犯錯的時候，請記得要——慶祝！

我曾經利用了這個工具來輔導一位事業面臨困難的女士。她幾個月以來都是處於很低潮的狀態。我就一直問她這些很簡單的問題，結果我只花了四十五秒就將她的心情扭轉回來。四十五秒之後她整個人就開始大笑並且說：「這簡直是不可思議！我不敢相信在這麼短的時間內，我整個心情和感受都完全不一樣了！」

再次強調，為什麼會這麼有效是有其學理根據的，但是我在這裡不是在探討它的運作原理。其實我自己也不是完全清楚的知道為什麼有效的理由。但是可以確定的是：這個工具的確很有效果，這是一種迅速改變心情的絕佳工具之一。

我只能說我三生有幸，遇到非常、非常偉大的老師，他們給了我在靈性上的、情緒上的、以及事業上的各種指引，這些只不過是多年來智慧累積的成果罷了。以上就是如何迅速改變心情的方法。

技巧7：如何克服犯錯的恐懼？

——採自約瑟．麥可廉登三世（Joseph McClendon III）與安東尼．羅賓（Anthony Robbins）合著《無限潛能》（*Unlimited Power: A Black Choice*）一書

我把它稱之為上台恐懼症，因為任何需要上台、或者在從事業務工作的人都會知道，如果你在上台面對群眾之前肚子裡完全不會有種奇怪的感覺的話，那麼你一定不是正常人。就算擁有這麼多年演說經驗的我到現在仍然會發生這種狀況，我也認為大家應該都差不了多少吧！但是我有一種非常有意思方法可以處理這種問題。就連會因

為上台前緊張而嘔吐的芭芭拉・史翠珊（Barbara Streisand）、比賽前會緊張不已的世界頂尖網球選手等，都是採用同樣一種辦法的。

這種方式稱之為「慶祝失誤」。我知道聽起來很可笑，但是它就是在重新連結、重新設定自己腦袋中的思維。我們稍早提到要握拳頭然後說：「YES！」，來慶祝所有的勝利。可是，你現在需要用更誇大的方式來慶祝，因為我們現在面臨的是內心更龐大的障礙。所以兩隻手一起來，將它們瞬間高舉頭上並喊著：「耶～（YEAH）」來加以慶祝。就很簡單地——給自己找個安靜的地方，將雙手舉起來衝向空中，並且叫著：「耶～！」

把錯誤當成勝利一樣地加以慶祝。連續做個幾次，不要忘記雙手同時也要用。這點非常重要。

因此當你犯下錯誤的時候就——慶祝！舉例來說，設想你自己正要上台。一旦肚子內開始作怪的時候，就完全不要去想它並且開始慶祝！我只要一緊張我就會大叫：「耶～！」並將雙手射向空中。我知道聽起來有點瘋瘋顛顛的，但是如果重複的次數夠多——歷時也只不過三十秒左右——你就是在重新設定自己腦袋，以後在緊張的時候讓它開始慶祝。

請你想想這個方法會產生的影響。它的意思就是說你正在學習如何愛上冒險犯難的感覺。當你結束從舞台上下來，開始在腦袋裡責怪自己表現得不夠好的時候也要這麼做。以前的我就有這種傾向，老是把注意力擺在剛剛沒有做對，或者可以做得更好的事情上頭。你也會這樣嗎？你是否曾經在打完一通銷售電話之後不斷的想著：「我原本應該……，我剛才應該要……，我原本可以……」等等？這種情形要另外選時間用「彙報」（反簡報）的技巧來加以處理；但是在進行彙報階段之前，記得要先慶祝。只要自己的「小聲音」開始說：「我剛才應該……」的時候，立即將你的雙手高舉頭上並喊：「耶～！」就是這樣。

而當你打完一通銷售電話或下台一鞠躬之後，要找出剛才做得很成功的事情並加以慶祝。這樣連續做個五、六次來產生一個心錨之後，才開始著手進行彙報檢討的動作。此時你的心態將完完全全地不一樣了。你的能量狀態以及觸類旁通、舉一反三的能力絕對會超乎自己的想像。

馬汀・賽利格曼在他的研究過程中發現，只稍微做出以上的改變，一般業務員的銷售業績至少增長了百分之三十四，甚至高達百分之九十之譜。就單單只是利用以上這個「小聲音」管理的工具就能做得到。

慶祝緊張的感覺、慶祝勝利、甚至也要開始慶祝自己的失誤。你將會發現自己百分之百地專心活在當下，並且擁有百分之百的高度能量。

技巧8：如何成功地處理失敗或尚未達成的目標？

——受到亞倫．萊特（Allen Wright）的啟發

我打算多花點時間來講解，因為這個技巧很少人知道。我把這個技巧叫做「未達成的目標」。

假設說你今年想要達成特定的業績目標，而自己想從中獲得十萬美金的銷售佣金。這樣一來你就已經給自己設訂了一個的目標。結果年底的時候，就算整年下來你一直非常拚命賣力地工作，結果年終結算起來一共也只賺到九萬美元。此時原本設定的十萬美金，就變成了一個未達成的目標。那麼你要如何處理它呢？

你必須要處理它，因為放著不管的話，很可能產生許多不好的後遺症。以下我舉個例來說明。假設你一直努力朝向一個目標挺進，結果沒有達成的時候，此時你的能量自然就會下降。接下來你雖然再次嘗試著設定一個新目標，但是當你在設定這個新目標的時候，你的能量正處於低潮的狀態之下。結果這個新目標看起來可能會更加困難些，讓我們假設說你這次也沒有達到這個新設定的目標；這時候你的能量再次的降低。結果經過幾次這樣的情形後，或許你就開始降低對自己的期望（這不是件好事）。到後來你乾脆就不再設定任何目標了，你再也不抱持著任何理想了。

我發現很多人之所以不願意設定目標，是因為他們害怕自己無法達成。

在你的一生當中，你原本就無法達成所有自己設定的目標。

這就是事實。而且就算發生了也沒關係——你只需要學會當它發生的時候應該要如何處理，來讓自己繼續向前邁進並維持高能量。對付這種狀況，以下就是我自己的「小聲音」管理的祕密技巧。

一旦你清楚的知道某個目標是絕對無法達成的時候，首先要坐下來並且列舉出一張清單——我建議採用書寫的方式會比較好。如果你決定要用說的，至少要把你所說的話錄音起來，因為事後你必定會很驚訝地聽到一些連你自己都不曾記得說過的話。

反覆回想原先所設定的目標。在努力朝向這個目標前進的過程當中，你到底得到了哪些其他方面的成就？把他們一一地寫下來。雖然你未達成十萬美金的目標，但是讓我們來看看你到底得到了些什麼。或許你成功地開發了一個新的市場。也許你更進一步地瞭解自己的競爭對手；在這期間你甚至還獲得了職位上的晉升；也許你有能力購買了一部新車；你的家人都為你的工作感到驕傲。瞭解我在說什麼嗎？如果你能和別人一起從事這個練習，那麼所產生的效果將會更加的強烈。

你也許無法達成自己原先所設定的目標，但是在整個過程中，你必定會獲得其他方面的成就。

現在把自己所寫下來的內容大聲唸出來，或者播放自己剛才的錄音並好好聆聽——哪些內容最會讓你充滿正面的能量？哪件事情會讓你興奮不已？假如你在輔導其他人從事這個練習，請注意看著對方的眼睛。留意是哪一件事情會讓他們的眼睛發光發亮？

在這個過程當中，留意自己的熱情和能量在什麼時候會有所提昇。因為很有可能你早已經達成了另外一個連你自己都未曾想要過的其他目標。或許你內心祕密的潛在目標，其實是你一直渴望獲得老闆的賞識，希望他承認你是個超級業務員；結果是：你也因此而獲得了他的提拔並且滿心雀躍不已。或許你的靈魂一直在追求的是被賞識的這件事情，所以你的靈魂現在正等著你給它重設一個新的目標去追逐。也就是說原先十萬美元根本就不是自己真正的目標——反而是隱藏在背後其他更深一層的渴望。

我以前也曾經為自己訂下事後無法達成的業績目標。可是當我回頭檢討，仔細審視我到底達成了什麼成就時，我忍不住就開懷大笑了起來！舉例來說，我原先的目標就是創立一個年營業額五百萬美元的公司。所以我就開始著手進行，每天努力不懈地工作，可惜第一年仍然無法達成五百萬美金的目標。一開始我的確很沮喪，但是當我事後回頭檢討時，我理解到自己所達成的目標，就是可以向父親證明我也可以一手建立起自己的事業。我父親真的有對我說：「兒子啊，你知道嗎？我真的以你的成就為榮。」

當他這麼跟我說的時候，所有其他的東西對我而言就不再重要了，因為這句話才是我真正想要聽的。我內心某個部分一直想要聽他講這句話，而且我自己竟然完全不知道這回事！一直到我列出了這份清單，並看著自己所寫的內容時，我才瞬間恍然大悟——天啊！原來這才是我真正在追求的目標！

這是因為你的靈魂，或者是你的自性，才真正知道它渴望的是什麼。一旦它獲得了想要的東西之後，它就準備繼續前進了。因此設定一個新的目標，一個更偉大、更富有意義的目標。這並不是說你需要放棄原先五百萬美元的目標，而是說你可以重新制訂一個與它有關聯的新目標，一個更具有意義並同時會賺到至少五百萬美元的全新目標，這麼一來你就可以去實現它。

你一定得要意識到並認可那個無意中達成的潛在目標，這是整個技巧中最重要的關鍵。如果你能跟其他人一起進行這個過程將更有幫助。我曾經在一間有五百個學員的教室，讓他們兩兩一組進行過這個練習。藉著夥伴們彼此互相聆聽並分享自己所達成的其他成就，在短短五分鐘之內，我清楚地看到教室內到處迸發著無限活力與能量，讓人恍然置身於一個派對之中。這些學員根本沒有留意到這個過程是這麼的具有威力。

當你的能量提升後，你就可以著手開始設定下一個新目標。這次也許可以達成它，或許同樣力有未逮，但至少你的能量將會不斷的提升，而且你所設定的目標也會越來越大，同時你也會越活越開心。總而言之，這一切在告訴我們什麼事情？

根本沒有所謂「達不到的目標」這回事。

你或許沒有達成自己原先所設定的目標，但是你在過程當中必定會得到其他方面的收穫。這也就是為什麼我相信你無法達成原先目標的根本原因——因為你在實現目標的過程當中早已經有所成就，或者得到了某種其他方面的收穫。我發現這種其他收穫的滿足感，經常是來自於別人某種方式的認同或者是稱讚等所獲得的——很多時候隱藏在收入金額背後的渴望，才是你真正在追求的目標。

技巧9：達成自己的目標

——受到詹姆士．賀爾孔（James Halcomb）啟發，並與珍．強生（Jayne Johnson）共同研發

我們都知道在創業經商和人生當中，都應該要設定一些目標；但是很多人設定目標後都不會去實現它。事實上，更多的人連目標都懶得去設定。因此接下來是另外一個可以幫助你提高達成目標成功率的「小聲音」管理技巧。

當你坐下來寫出自己想要達成的目標時，不管是你個人還是事業上的目標，記得這些目標是要能用數字加以衡量的，而且也必須個別賦予完成的期限。接著要把這些目標和別人分享，請他們把這些目標唸出來給你聽。當你在聆聽時要留意自己的「小聲音」同時在說些什麼。你所設定的目標是否很清楚明確？會不會讓你產生興奮感？是否需要加以修正？你會不會感到羞恥？你是否有自豪感？你會不會認為設定的太誇張了些，還是不合理？無論是哪一種情形，你一定要把它說清楚。

當你聽到這些目標時，自己的身體會有什麼樣的反應？身體的反應是屬於正面的，還是負面的？如果身體做出負面的反應，記得要利用我之前所教你的「慶祝」技巧。你必須要能壓過這種負面的影響。要利用你已經學會的，有關於克服壓迫感和恐懼的「小聲音」管理技巧。

我沒有見過任何心中毫無恐懼感的創業家、領袖、或者冒險家等。它完全是一種很自然的反應。但重點是：這些恐懼會讓你不知所措，還是反而會更加激勵自己？因此如果你學會慶祝恐懼的本事，我所說的並不是要你裝瘋賣傻，而是要利用恐懼來激勵自己，順便提昇自己的能量狀態。

補充提示：把你的目標寫在一張便利貼的紙頭上。然後找一張比較大的紙張（例如一張對開的海報），並將這個目標貼在紙張右邊邊緣的中間。接著在空白的便利貼上寫下要達到這個目標時，所有可以用數據衡量的行動——每張便利貼上只寫下一種行動。接下來把這些後來寫的「次目標」（或者里程碑）便利貼，從海報的左方邊緣開始，按照發生時間的前後順序由左至右地貼，一直貼到原先的主要目標旁邊為止，就如同按照從現在開始一直到未來會逐一發生的順序。然後在便利貼下方畫出一條時間軸，並將所有的便利貼利用鉛筆畫直線彼此連接起來形成一個完整的計畫。或許會形成數條便利貼同時平行地橫過整張壁報紙，這種樣子叫做多工同步進行，是一件很好的事情。

萬歲！你現在藉著視覺表達的方式，已經能讓自己知道如何達成自己的目標。把這張紙貼在牆壁上。要確保所有便利貼上頭的日期有按照先後順序排列，並和時間軸對齊。每當你達成一個里程碑之後，別忘了要好好慶祝一番。

這張紙稱之為「計畫評核術」（PERT）。這個過程將會讓你自己和團隊夥伴擔當起相應的責任，而且會強迫你持續不斷地檢討自己。務必要記得，這些目標和次目標都是寫在「便利貼」上頭的，因此若有需要，你可以任意加以移動、重新排列、甚至增添新的便利貼。一個良好的計畫永遠都需要具備彈性才是。

技巧10：如何完完全全、百分之百地處在當下？

——珍．強生（Jayne Johnson, www.theclearingsight.com）

友情授權

這個「小聲音」管理工具非常具有威力。如果你有嬰孩，那就更容易上手了。這個技巧基本上需要兩個人才能做，萬一真的沒辦法，那麼對著鏡子中的自己也是行得通。兩個人面對面膝蓋相對地端坐著（膝蓋用不著互相碰到），眼睛同時直視著對方的眼睛，並且完全保持靜默。我知道這樣子會有點奇怪，但是這麼做的理由是要讓你在精神渙散、不知所措、激動煩躁等狀態下，甚至在面對巨大挑戰需要完全聚焦的時候，迅速集中注意力並且產生存在感。

這個技巧有些規則：當你們面對面坐時不可以說話，也不可以扭扭揑揑，至少這樣靜坐個三分鐘。如果你們能坐得比三分鐘還久那更好。此時你腦海中的「小聲音」就會開始狂亂：「不知道這個傢伙怎麼在想我？我不想做這個練習了。我有更重要的事情要做。」

這是正常的。就讓自己的「小聲音」不停地講就對了。從事這個練習的時候，你完全不需要做任何其他的動作，就盡力好好地處在當下即可。如果你能辦得到，你會發現神奇的事情開始發生了。突然之間你的思緒將會變得非常清澈寧靜。你可以重新聽到自己的心聲。你也能直接和對方的心靈開始契合。這句話的意思並不是在說你需要愛上對方才能做得到——你甚至不需要在乎對方的長相，或者喜歡上對方。你只要好好地處於當下即可。

經過一陣子這樣的練習，你和別人交心、傾聽，以及活在當下的能力將大幅增進。因此，當另一半下一次開口和你說話的時候，你將會真的聽到他在說些什麼。下次當你的客戶開口說話的時候，你會感覺到產生心靈上的交流，你的「小聲音」就不會再壓過對方的聲音，或者滿腦子想著等一下要怎麼接話。你會發現人們自然而然的會受到你的吸引，因為他們隱約覺得你跟他們之間有某種聯繫、了解、和認同感。

如果你不小心笑出聲來，那是完全正常的。如果你會扭怩不安，那也很正常。如果眼光轉移到別處也是正常的。萬一發生這些現象就別太苛責自己——重新聚精會神繼續練習即可，直到你可以維持整整三分鐘都不再發笑、扭怩不安、或者轉移眼光為止。順便一提，發笑能幫助你發洩情緒，因此會讓你更放鬆、更加的平靜。

有時候我會跟鏡子中的自己來做這個練習，重新讓自己處在當下。如果你能和別人一起做這個練習，其效果將遠遠超過自己一個人做。

技巧11：如何產生愛的心錨，讓自己瞬間充滿力量？

——採自安東尼．羅賓（Anthony Robbins）
馬修．賽博（Marshal Thurber）

讓自己堅強起來的所有手段當中，最具有威力的方式就是藉由愛的力量來產生心錨。我們之前已經講過如何產生成功的心錨，但是藉由「愛」所產稱的心錨，其威力更加強大許多。當你需要勇氣、力量、與護持時這個技巧就能派上用場。

回憶過去的人生並找出自己生命當中，你清清楚楚地知道自己百分之百的被人無條件愛著的時刻。這個片刻也許是自己的孩提時代，或者長大成人之後；也許是和自己另外一半或小孩相處時所發生的。請你儘量憶起當時所有的細節與情景——你當時有什麼樣的感受、當時發生了什麼事情、而且你還跟自己說了些什麼話等等。你現在是否已經喚起這段記憶？

當你再度看到並想起來這種感覺時，請將右手握成拳頭並沈靜地說聲：「YES！」這是一種不一樣的「小聲音」管理技巧，在面臨恐懼的時候它會替你帶來勇氣。

當面臨關鍵局面的時候，我會重回那段曾經完全被人愛著的時光。

我經常會回到兩個特殊的時刻。其中一個就是我和愛琳結婚的前一天。她直視著我的眼睛說：「我永遠、永遠不會離開你。」這些真心話從她的內心傳到我的內心中，雖然已經過了二十多個年頭，我的感覺卻好像是十秒鐘之前才發生的事情。當我在寫這一段內容的時候，我的胸口仍然可以感受到那股暖流。

另外一次則是在我兒子——班出生的時候。當他們將他抱出產房時，他才不過幾秒鐘大而已。他睜大著雙眼而我伸出的手指觸摸著他。當他的小手碰觸到我的指頭，我凝視著他那對藍色發亮的眼睛時，一切就盡在不言中。那完全就是純純的愛。

我隨時可以回到並感覺那些時刻。它們隨時都可以賜給我無比的力量，無論面對任何阻難我都敢正面迎戰任何人。因此如同成功一樣，要建立一個愛的心錨。

這是「小聲音」管理技巧當中最具威力的工具之一。如果你的「小聲音」剛才有說：「我的人生當中沒有這樣子的時刻」，叫它閉嘴，因為你絕對有。每一個人都擁有過這樣子的時光。好好認真思索，你一定會找得到。

技巧12：如何利用自吹自擂來凸顯自己的存在，並且改變自己當下的心理狀態？

——羅伯特．清崎（Robert Kiyosaki）友情授權

至少在這一分鐘內，自己在腦海中要成為一個傳奇人物。

我愛死這個技巧了。如果你真的需要提振精神，或者只是想找點樂子，我建議你找一群人來一起做這個練習，不過你也一樣可以自己一個人來做。無論是銷售方面、疲倦的身軀、低潮倦怠等等，任何狀況都一體適用。

就給自己一分鐘的時間（如果你比較勇敢的話或許兩分鐘吧），開始吹噓自己所

做的任何事情。要用大聲、堅定、誇大的語氣來宣揚自己，讚揚自己所做過的任何事情。至少在這一分鐘之內，自己在腦海中要成為一個傳奇的人物。盡全力大聲地說出來，如果有需要還可以站到桌子上講也行。大聲喊出來，比出超誇張的手勢。整整六十秒鐘的時間都不要停下來——就算腦袋變成一片空白不知道要講些什麼，隨便亂捏造一些內容也行，最重要的就是不能停下來。為什麼？因為這麼做非常具有治療的效果。

如果你是業務人員，你可以嘗試著說：「我是世界上最偉大的業務員！任何人都無法拒絕我，絕對不可能！你知道我為什麼這麼厲害嗎？那是因為我看的書比別人多，聽的錄音帶也比別人多，參加過的課程更是沒人比得上，我也花了一大堆錢去學習銷售，以及如何變成世界上最有影響力的人。這就是為什麼其他人根本都不是我的對手！人們一看到我走近就完全投降了。不只如此，因為我長得這麼帥氣，所以他們就一直跟我買東西，這樣才有藉口賴在我的身邊……」。

如同所見，的確是有點妄想。但是這樣子做會發生兩個非常有益的事情。首先，很明顯地能大幅提振自己的能量。其次就是能開始給自己腦海中的「小聲音」傳遞一個訊息，跟它說自己也是很棒的，而且自己也能有一番作為。這同時也能提醒自己曾經做過的各種努力。

順便說明一下，在練習的過程當中所講的內容不一定要是事實。因為基於本技巧的原理來看，說謊、捏造、和誇大並不會影響它的效果。這純粹只是一種遊戲罷了。但是諷刺的是，就算你不小心捏造了一些內容，或許事後你將會發現原本以為是自己想像的事情，其實離事實並沒有那麼的遙遠。

我們之中有些人可能不容易這樣子自吹自擂——感覺就是不習慣。這完全是正常的，因為我們每個人都會擁有類似的感覺，只是程度不同罷了。只要你願意開口大聲叫嚷，聲嘶力竭地吶喊，喊出的哪怕是自己最微小的成就，你就會越來越接受自己並擁有良好的自我感覺。舉例來說，「你知道我今天按時起床並且準時到達公司嗎？你知道這是一件多麼偉大的事情嗎？」這樣子的事情就行了，不需要喊出多麼偉大的成就。

你的「小聲音」或許已經開始在發作了：「可是我從來沒有做過任何偉大的事情，我要拿什麼來講呢？」好了，夠了，馬上跟自己的「小聲音」說：「停！」然後馬上吹噓任何事情！這麼一來你就能開始突破自己的壓抑心理並從恐懼、害羞、或者是在乎別人的想法等等這些障礙當中解放出來。

自吹自擂過程中最具有威力的部分，就是你可以自由地編造它的內容。完全只是一種好玩的遊戲而已。這個技巧的威力在於能打破長久以來擔心別人對自己看法的魔咒，再也不會害怕別人對你的批判。任何偉大的領袖或大企業家都曾經在某個剎那之間，決定自己再也不用去理會別人對自己的想法。

不管你一星期練習多少次，或者哪怕一輩子也只做那麼一次，絕對會看到自己發生巨大的改變。而且當你跟越多人一起練習——例如整個銷售團隊、一群同仁、你的家人或好友——你將會看到所有人的能量和自信心，都會獲得大幅度的提升。而且最終來說，如果練習時一切進行得很順利，你會比較願意嘗試新的事物並開始朝自己的目標邁進。哪怕是只有短短的一分鐘，要讓每個人大叫大嚷，讓他們變成這個世界上最誇大、最狂妄、最大聲的自大狂。

技巧13：如何處理你能想到的任何異議？

在我們「銷售狗公司」的《銷售訓練套裝組合》當中，會利用卡片來練習如何處理異議。這個「小聲音」管理工具的原理，基本上就是採用「不斷重複」的概念作為基礎。將自己最感到害怕、最不敢面對的異議寫在卡片上面——也就是別人可能會說出非常傷害你、最會讓你感受到壓迫、或者最沒有教養的那些話——並且找個夥伴來跟你做實際上的操練。舉例來說，最令人害怕的異議可能是：「你根本不知道自己在說什麼」、「你真是個笨蛋」、或者「你長得好醜」等等。

演練這個技巧的時候，夥伴要在口頭上將這些異議說給你聽。舉例來說，你的夥伴可能會跟你說：「我認為你是個笨蛋。」你接著就要回應說：「謝謝你。你為什麼認為我是個笨蛋？」類似稍早我們所做的「顧問／諮詢者」練習一般，就這麼不斷的反覆練習回答，一直到自己能夠非常平穩順暢地加以回應。每多練習一次你所感受的壓力就會越輕，情緒也會比較平穩，自己機智的程度也會隨之提高。

我建議從事這項演練的時候要和對方面對面促膝而坐，才能從中獲得最大的效益。你的夥伴應該非常不客氣地、毫不留情面地為難你，而每當你回應時產生有所猶豫、神色慌張、舌頭打結等狀況，那麼夥伴就應該主動喊：「停！」然後再將異議重複說一遍。不斷地練習同一個異議，次數越多越好，直到你能完全平靜的、不帶有情緒的、一氣呵成地回應這個異議。這時候才換成練習其他不同的異議。這是一種絕佳的方法，可以克服自己害怕在別人面前丟臉的恐懼心理。

技巧14：如何清除「我早就應該……、我原本想要……、我當時可以……」的思維，並且重新恢復力量？

當你認為自己有什麼事情沒有做到，而你的「小聲音」也不斷地在苛責自己，這時候你就應該列舉另一張清單出來。這次你要寫下來的內容，是「小聲音」一直不斷重複跟你說：「我早就應該這樣做……」、「我當時可以那樣做……」、或者「我原本想要這麼做……」等等所有大大小小的事情。

舉例來說，你的清單上可能寫著：「我原本想要早起做運動」、或者「我早就應該打個電話問候母親」，或者：「如果我當時多打幾通電話，現在就能成交更多的案子」等等。把所有你能想到的事情寫下來，你想要怎麼自憐自艾都行。

列出清單之後仔細從頭唸一遍，不斷重複再唸，每條並且詳加檢視一番。如果有需要，再補充幾條也無妨。有趣的是，過了一會兒之後你會覺得它們實在是很可笑，你甚至會笑出聲來。這時候你的能量就會恢復，你的內疚感也會逐漸消失，同時徹底放下這些殘留已久的掛念。這個非常神奇的「小聲音」管理工具可以清理並調整自己腦海中的「小聲音」。

這個技巧還有很棒的作用——其他的技巧也一樣——如果你能經過充分的練習和運用，以後它們就會全自動化的發生。這時候你甚至用不著真的動筆寫出來，只要你練習的次數夠多，你的腦袋就會自動停止產生這些想法。

至於那個難纏的內疚感，你可以試試這個辦法，但是我先警告你，這招是蠻狠的。當你因為沒有完成某件事而開始感到內疚時，趴到地上做出伏地挺身下沈後的姿勢，如果你繼續堅持要感到內疚，那麼就繼續保持這樣子的姿勢：不管自己雙臂是否顫抖個不停，也不管自己是否汗流浹背，就是一直等到你放掉這種內疚感之後才停止。沒有想像中的簡單，是吧？

或許下次你就再也不會這麼苛責自己了。

這招頗適用於「小聲音」堅持不願意放掉的事情之上。

技巧15：如何精確指出自己真正的情緒，讓你隨時可以釋放出自己的能量？

——勞倫斯．韋斯特（Lawrence West）
友情授權

這個非常具有威力的「小聲音」管理技巧不但可以運用在自己的身上，用在別人身上時威力更是強大。我把它稱之為「確認情緒」。人們有時候難免會鬧情緒，而且他本人根本沒有察覺到自己早已經受到情緒的左右。雖然你沒有義務或責任要承擔起對方的煩惱，但是這項技巧可以幫助你精確地指出你的對象正在鬧哪一種情緒，同時還可以得到立即的回饋來避免誤判。過程如下：

「我最痛恨像你這種不斷騷擾我的人。」

「是什麼事情讓你這麼不高興？」

「我才沒有不高興！」

「喔，好。你看起來是在生氣的樣子。」

「我才沒有在生氣！我只是有點惱怒。」

「哦，所以你在惱怒啊……是什麼事情讓你有惱怒的感覺？」

「我惱怒像你這種人一直不停地在煩我。會讓我很不高興。」

「那為什麼這樣子會讓你惱怒呢？」

「會讓我惱怒是因為我的時間很寶貴，而且我有很多事情需要做。如果在其他適合的時間再跟你好好說話，我倒是無所謂啦……。」

在這個過程當中已經找出來並確認它是屬於哪一種情緒，這位潛在客戶、顧客、朋友、或者夥伴，直到現在才算是準備好要跟你講說他內心真正的問題到底是什麼。沒有嘗試者捍衛自己既有的立場，也沒有試圖改變他人的想法，你只是單純地嘗試著弄清楚對方的「小聲音」到底抱持著什麼樣的情緒。

這個技巧在兩種狀況下都很有效果。當你很生氣或者鬧情緒的時候，你必須問自己這些問題。在這裡的重點是要盡全力來釐清情緒的種類，尤其當它是負面的時候更為重要：「我現在的感覺是憤怒嗎？不是吧。我現在的感覺並不是憤怒。那麼我感覺到的是挫折嗎？是的，我現在的感覺就是挫折。」一旦你確認了正在體驗的情緒是屬於哪一種時，你自身的能量馬上就會開始回復。如果放任情緒不加以弄清楚，我們就會有責怪他人的傾向，認為問題是出在自己的老闆、自己的客戶、自己的家人所害的。這叫做「辯解」或者「責怪他人」的行為，對我們一點幫助也沒有。

以下是一些情緒，可以拿來隨時提醒自己：

熱情的　　煩躁的　　憤怒的
不信任的　不高興的　快樂的
具有敵意的　悲傷的　恐懼的
漠不關心的　困惑的　需要認同的
恐慌的

當自己生命或事業中有人很明顯地，不自覺地在鬧情緒的時候，試試以下這個辦法。過程聽起來可能像是：

「你現在有什麼樣的感覺？」

「我才不在乎自己現在有什麼樣的感覺。」

「你在生氣嗎？」

「沒有！我沒有在生氣。」

「可是，必定有什麼事情讓你心情不好。」

「我是有點不高興。我想自己是有點困惑。」

「哦，你感到困惑，是嗎？」

「對啊，我就是搞不清楚……。」

這時候你就會注意到他的口氣已經發生變化了，會變得更冷靜與顧及他人的感受。你必須跟那個「小聲音」溝通，並且問清楚到底是哪種情緒在作祟，因為有時候人們自己也搞不清楚為什麼有情緒。你甚至用不著去處理它——只要弄清楚是什麼就夠了。找到之後如果你想加以處理當然也行，但是至少要先搞清楚是哪一種情緒最要緊。

不要處理當下的議題，先找出是哪一種情緒。

記得情緒高漲的時候智慧就會隨之降低。這就是為什麼要先消除情緒，才能進行有意義的溝通。

技巧16：如何任意「選擇」自己現在想要擁有的感覺？

——引用自林·葛巴宏（Lynn Grabhorn）
《不好意思，你的生命在等著你》
（*Excuse me, Your Life Is Waiting*）一書

你是否有曾經為了某個好主意而感到非常的興奮，結果當你迫不及待地跟某個人

分享之後，他表情呆滯地看著你說：「就這樣？」這時候的你處於狂熱的狀態，而對方則是漠不關心。

這兩種反應在情緒溫度計上的距離，就像光年一樣遙遠。事實上，在情緒溫度計上「漠不關心」跟「死亡」不會差太遠，就在恐懼、哀傷、憤怒、或挫折的下面；而溫度計最頂端極有可能是「狂熱」。

你最主要的工作就是要確認自己（或者對方）現在的情緒，到底屬於情緒溫度計上的什麼位置，並協助這些情緒逐漸向上提升。

舉例來說，我或許會跟自己說：「我現在想要的是熱情才對。」然後我就會跟自己說：「那麼我現在處於情緒溫度的什麼位置上？」或許我的「小聲音」會說：「我才不管它在哪裡。」

「不對，我並非不關心，我只是害怕而已。」

「我真的是害怕嗎？」

「呃……，也不像是害怕。應該是挫折吧。沒錯，我現在感覺到的就是挫折。」

「那為什麼會有挫折感？」

「我之所以會感到挫折，是因為我不確定如何獲得足夠的資源，來讓所有的計畫都能按時完成。」

當我釐清了自己目前所感受到的情緒是什麼之後，接著就能問自己：「我現在想要擁有什麼樣的感覺？我想要擁有充滿熱情的感覺嗎？還是我想要體驗沮喪的感受？

如果你用這個工具輔導別人，一旦你釐清楚對方目前的情緒，就要問他：「那麼你會比較想要擁有什麼樣的感覺？」然後，你們就可以開始討論要怎麼做才能真的產生這種感覺。到了這個時候，對方的情緒自然就會有所改善，而且能量水準也會有所提升。

如果你自己的情緒開始不對勁了，就坦誠問自己到底想要擁有什麼樣的感覺，並且容許自己好好感受一下這種感覺。如果你沒有辦法讓自己感受到這種感覺，那麼請你回想以往什麼時候曾經擁有過同樣的感覺，至少要在臉上掛著微笑。到了這個時候你就清楚地感覺到自己的能量又回到身上來了。

我經常回想的時刻，就是當我親自看著兒子在足球比賽當中，第一次射門得分的光景。每當我想到他得分之後臉上掛著得意的笑容，又跳又叫的樣子，我就忍不住會微笑起來。不消片刻，我立即就能回復成自己現在想要擁有的情緒狀態。

這是個威力無比的技巧，可以用來處理任何情緒——就算是遠在溫度計最下方的「後悔莫及」也行。偶爾後悔追思也無妨，但是你還是得先開始問自己：「自己想要悲傷到什麼時候？」

你的「小聲音」有可能說：「我早就已經厭倦悲傷了！」

這時候你就要問自己：「我現在真正**想要**擁有的是哪一種心情？」

然後回想過去你曾經確實擁有過這種特定感覺的時光，或者回憶身邊是否有其他人曾經擁有過這種感受。它那時候看起來怎麼樣？不知道它是否擁有和我們同樣的感覺？如果你能這麼做，很快的就能學會隨時調適自己的心情。

技巧17：如何讓自己和團隊夥伴們瞬間聚焦在一起？

——源於馬修．賽伯（Marshal Thurber）

這個「小聲音」管理技巧可以迅速掌握一群人所有的「小聲音」。我將它稱之為：「我現在感覺想要說的是……」。在任何會議或聚會之前，讓所有與會人士坐（站）成一個大圓圈，而每個人都要輪流說：「我現在感覺想要說的是……」。

這裡最關鍵的字眼就是「**感覺**」，而且每個人也只能說出自己目前內心感覺想要說出來的話。舉例來說：「我現在感覺想要說的是……我現在非常疲倦，根本不想要出席這次會議。」這時候其他所有人的回應就要簡單地說聲：「謝謝。」

規則如下：其他所有的人都不准插話、也不准任何人附和或反對，絕不可以說一些像是：「對對對，我也有同樣的感受，」或者「我現在的感覺不是這樣」等。你只需要好好聆聽別人講話，當對方講完之後你就跟他說聲：「謝謝」即可。同時每個人的時間也要有所限制。一般上來說是三十秒以內完成最好，但是如果是一群人，那麼每個人五秒鐘以內講完會比較合宜。

你有多少次類似這樣的經驗，在會議進行的時候人在但「心」卻早就不在了？這個技巧就能平息所有在場人們的「小聲音」，同時將大家的心思瞬間拉回到當下討論的議題之上。這個技巧也能讓人迅速確認自己現有的情緒和感受。

如果你是自己一個人，結果發現自己和別人打交道的時候情緒化開始失控，那就問自己：「我現在感覺想要說的是……？」

我自己都曾經打過一些非常情緒化的銷售電話，激動到身體不停地顫抖，連我自己也搞不懂當時為什麼會這樣——是因為緊張？還是充滿期待？或者有其他的理由？因此我就跟自己說：「我現在感覺想要說的是：我的身體正在顫抖，而我自己也不太確定為什麼會這樣。」

結果我腦海中就會有個聲音說：「我覺得還有一些其他我們沒有攤開來講清楚的事情」，或者是：「我因為要撥打下一通銷售電話而感到緊張」。一旦你把話攤開來說清楚，你就能繼續前進了。

記得每個人都只有一次機會，其他人也不准加上任何附和或評論。在進行的時候必需要建立一個「安全的」環境（可以無拘無束地分享自己的心聲），這樣子就能把「小聲音」拉回到當下，讓大家迅速進入會議的正題。

技巧18：如何「指正」——排除那些不可見，會阻礙成功的問題？

接下來的技巧，也就是第十八單元。我們在「富爸爸銷售狗」以及「「小聲音」管理系統」當中都會提到跟這個技巧有關的練習，也就是「據實以告」。

如果你容許「小聲音」在自己（或團隊）的內心裡面不斷地洶湧翻騰，它將會成為迅速蔓延的毒瘤。

每當你的「小聲音」跟你插嘴唱反調，你必須要指正它——也就是據實以告——例如用這種方式：「看樣子目前發生了這樣子的事情……」，或者「我認為現在發生了這樣子的事情」等。這個技巧也可以運用到銷售電話中，只要你察覺到發生了什麼不對勁的事情，或者你自己的「小聲音」感覺到有蹊蹺的時候就可以派上用場。簡單地喊停，並馬上據實以告。

拿個例子來說明：「看樣子好像發生了一些不為人知，一些檯面下的事情。」如果你講錯了也沒什麼大不了的，對方立即就會跟你說：「沒有這回事，一切都沒有變。」但是萬一真的發生了什麼樣的事情，你就必須把所有人的焦點和注意力導到這問題上，並把它攤開來講清楚。你現在就有機會來處理可能對這次談話造成無法彌補的傷害的個人問題或者是爭議。這麼做可以把每個人的「小聲音」拿出來檢視一番。

你對自己也要據實以告。清楚地知道自己腦海中是如何想的也是件非常重要的事。據實以告並把它攤開來說——無論是口頭上、錄音、或者書寫的方式都可以。一旦你這麼做了，你將會發現許多有關這件事情的顧慮都會煙消雲散。

如果你容許「小聲音」在自己（或團隊）的內心裡面不斷地洶湧翻騰，它將會成為迅速蔓延的毒癌。

技巧19：如何克服「我沒辦法」？

——與珍．強生（Jayne Johnson）共同研發

如果你容許的話，「小聲音」可以癱瘓自己，尤其當它在跟你說：「我沒辦法」的時候。一般上來說會發生這種情形，通常是在你不堪負荷，情緒低落，充滿困惑，壓力過大時，或者你決定只要再有人敢把事情丟給自己的話，你就會當場掐死他的那種日子。

但是請別忘了，這一切全都是你在腦海中的想像罷了！你會玩多大的局面，取決於你自己心胸的大小。千萬不要讓「小聲音」阻止你追求更大的成就與夢想。

當你說「我沒辦法」的時候，在極少數的情況下代表著「實際上根本無法辦到」的意思。你真正的意思是：「我不想這麼做」，或者是「我不知道應該要如何下手」（關於這點我們等一下再處理）。我相信你瞭解以上這種狀況。當團隊夥伴有人不斷在跟你說「我沒辦法」的時候，這個技巧的某些部分將會發揮出強大的效果。

首先，與所有的「小聲音」管理技巧相同的，當你聽到這句話的時候就要告訴自己：「停！」最好是要堅定的、有力量的、並且大聲地說出來。現在就試試看……「停！」很好。

現在你阻止了喋喋不休的「小聲音」之後，可以嘗試下列兩種辦法：

1. **要對自己說：「我沒辦法」，然後修飾美化一番，或者是誇大其詞。**舉例來說：「我沒辦法是因為今天是星期二」、「我沒辦法是因為我現在穿著藍色的襯衫」、「我沒辦法是因為岳母說的」、或者「我沒辦法是因為我眼珠子是藍色的」等。

這樣可以瞭解了嗎？

這些內容說得越滑稽越好。記得要裝瘋賣傻即興地說出來，並且儘可能講得越快越好。一直說到它愚蠢到讓自己情不自禁地笑出來，心情整個放鬆為止。

2. **問自己這個問題：「我到底能做什麼？」儘量講出許多自己會做、能做的事情，並且還要對自己誠實。**

例如：「我會刷牙」、「我會喝水」、「我會綁鞋帶」、「我會寫出自己的名字」、「我可以大聲地說話」、「我會呼吸」、「我可以邊走路邊說話」等等。

同樣的，要大聲並且快速地隨口說出這些臨時想出來的內容。到後來你會開始覺得自己的心情沒有那麼地沈重為止。

3. 問自己這個問題：「假如我有辦法做到這件事情（不管什麼事情），那麼第一步我會先採取什麼樣的行動？」

你的腦袋會給你一個又實際並且可行的辦法，讓你得以採取正確的步驟來完成目前所面臨的任務。

你如何處理成功，跟自己如何處理失敗是一樣重要的。

4. 跟自己說：「不是我沒辦法做，是我自己不願意去做罷了。我自己不願意去做的事情到底是什麼呢？」

你的腦袋自然地會給你一個很清楚的答案。接著再問：「為什麼我不願意呢？」如果你回答得很誠實，那麼我會建議你，更深入地探討自己不願意做這件事背後所隱藏的恐懼或者是憂慮。

一旦你能找出情緒上真正的理由，你就能感覺到渾身是勁，你的思緒會更加的清晰靈敏，在這種狀況下你毫無疑問地必定能創造出極佳的對策去完成它。

找出自己內心一直在阻擋、妨礙自己追求夢想的根本原因。反正遲早你得在水深火熱之中面對自己內心最大的障礙，重新調整一直阻礙你成功的那些領域。

技巧20：克服「我不知道該怎麼做」的思維

——與珍．強生（Jayne Johnson）共同研發

很多時候在面臨新的挑戰或風險時，「小聲音」就會想辦法逃避，而不是鞭策自己繼續面對挑戰向前推進。我發現特別是那些想要自己創業、學習銷售、建立團隊、開始投資，或者想要在財務上、商場上或者自我人格上提升自我能力的那一些人，他們通常會在觸及自己舒適區的邊界上停滯徘徊。以一位新加入的加盟業者為例，或許他很擅長溝通，知道如何建立優秀的團隊、也可能很會借助電腦來工作、甚至能建立完整的試算表。

不過，當他們擁有了自己企業的時候，以上的能力只不過是經營事業能力的一小部分而已，而最重要的關鍵因素，恰好落在他本身舒適區域範圍之外的地方。沒有銷售業績就等於沒有收入。

當他們嘗試過自己原本就知道的所有技能和策略之後，他們現在被迫面臨創業未

知的領域，就如同無底深淵一般。每當逼近舒適區邊界時，此時「小聲音」很可能會跳出來說：「我不知道該怎麼做」。

在我多年培訓及輔導的經驗當中發現，即使給了學員再多的工具、策略、和最輕鬆的「捷徑」，一旦他們面臨不知所措或者處於困惑之中時，最容易脫口而出的藉口就是：「我不知道該怎麼做。」他們之所以會這麼做，是因為這招是很好用的。為什麼呢？因為我們從以往的生活經驗中學到，一旦你說出這種話的時候，其他人大部分都會很樂意的來幫助你。問題是這樣一來你就把自己置於受害者的角色，因為你將自己本身的力量完全拱手讓給別人了。如果他們提供的建議釁符合你既有的行為模式，而且你也覺得舒適可行，那麼你很可能會採納他們的意見。

在輔導過數千人之後我發現了其中一個真相——只有少於百分之五的人會認真採行別人給他們的良好建議。那麼其他百分之九十五的人們呢？如果這個建議不符合他們原有生活的方便與舒適，他們就會把它丟到一旁，然後去追尋其他更「舒適」的意見，要不然就是企圖說服自己說他們辦不到、或者自己不是這塊料、甚至辯稱給自己建議的那個人是錯誤的，然後自圓其說一番之後，繼續一成不變地維持自己原來的生活。

呼！我決定就此打住，停止繼續說教。對我自己而言，任何人在學習上最大的阻礙莫過於這八個字了：「我不知道該怎麼做。」這些人當中，十之八九早就有人示範給他們看過了、也早已經給過足夠的工具可以自行解決問題、甚至還直接觀摩那些會做的對象不只千遍以上。所以與其說：「我不知道該怎麼做」，他們應該要問自己的是：「我現在必須學會如何做這件事情，」或者是：「我應該要學會什麼樣的本事才有辦法做到這件事情？」

所以我認為管理這個「我不知道該怎麼做」的「小聲音」，其辦法就是：

1. 第一步永遠都是要大聲且堅定地說：「停！」

2. 接著就要做類似前一個技巧的動作，撒一些有關於為什麼你會「不知道怎麼做」的大謊話。你捏造什麼樣的內容都無關緊要——重點就是要非常古怪就是了。例如：「我不知道怎麼做是因為我哥哥住在美國。我不知道怎麼做是因為鋼琴都要配上琴凳。我不知道怎麼做是因為我的腦袋長在頭上。「我不知道怎麼做是因為我的小腳指發育不完全。我不知道怎麼做是因為粉紅色的大象會飛！」等等。

這樣可以瞭解了嗎？

這些謊言要大聲地、堅定地、並且快速地說出來，直到你忍不住笑出來，或整個人放輕鬆了為止。我保證最後你嘴角必定會帶著微笑。或許你會發現自己的「小聲音」會想盡辦法來抗拒這個過程，甚至還刻意不讓你笑出來。繼續堅持做下去。一旦你突破了這層障礙之後，你將會擊垮那個讓自己變成可憐無助、扮演受害者角色的那個「小聲音」。有些人寧可毫無頭緒、充滿困惑、或者滿嘴抱怨地活著，而不願意改變自己來獲得成功和快樂。

接著就是要大聲地問自己這個問題：「哪些事情是我已經知道怎麼做的？」同樣的，儘可能誠實地並且迅速地回答這個問題。隨著自己能量越來越輕盈，就可以逐漸加重你已經知道怎麼做的那些事情的份量。舉例來說：「我知道怎麼吃飯。我知道怎麼睡覺。我知道怎麼呼吸。我知道怎麼閱讀書。我知道怎麼運動。我知道怎麼釘釘子。我知道如何擬定計畫。我知道要怎樣寫一篇故事」等。懂了嗎？

隨著不斷的練習，你甚至開始會產生自豪感，或者自己覺得很「酷」（cool）的感覺，而這才是我們所要的重點。仔細想想之後你才會理解到，自己有辦法處理的事情其實可多了，藉著一一把已經知道怎麼做的事情列舉出來之後，在你內心深處的某個部分就會開始有被讚賞的感受。

最後還要問這個既關鍵又具有威力的問題：「如果我**已經確實知道**要怎麼做了，那麼我第一步應該會採取什麼樣的行動？」你的腦袋將會想出一個很棒的答案，然後你就可以開始放手去做了。

之所以會如此，是因為在以往的生命中，你可能曾經認為自己不夠聰明、動作不夠快、或者不如別人等等。這些想法都是無稽之談。它們在某方面來說，不僅僅塑造了你自己的舒適區域，也給了你一些極佳的藉口，來解釋自己為什麼無法擁生命中一些渴望的事物——例如健康、體態、金錢、人際關係、愛、親密伴侶等等方面的事物。

你身邊充斥著各種絕佳的工具、老師、以及豐富的資料與資源，可以借助它們來完成任何事情。絕對不可以再跟自己說：「我不知道該怎麼做，」除非你說這些話的時候是滿懷興奮，並且迫不及待地要去學習如何解決問題的時候例外。當你滿懷挫折，利用藉口來辯解自己為什麼表現不佳的時候，那些「我不知道該怎麼做」的「小聲音」是具有超乎想像的破壞力。

你確實知道應該如何做就能獲得成功。千萬不要讓很久以前某個人曾經對你所說過的話，尤其是武斷或負面的話，影響了你今天所抱持的態度、能力，和創造力。

技巧21：轉化自己堅持不懈的力量

在亞利桑那州某個炎熱的早上，我沿著亞利桑那州運河做晨跑，剛剛越過全程四分之三標記處時，我發現自己掙扎著並喘氣不已。通常在這種狀況下，我自己腦海中的「小聲音」會拚命喊叫說：「堅持下去！千萬不要放棄！你一定做得到！」……就算我感覺到身體隨時都會死掉一樣。而另外一些聲音卻在說：「或許這麼勉強自己的身體可能會有損健康。你為什麼要把所有的事情都變成一種痛苦的掙扎？我們是不是又回到了從前『沒有痛苦哪來的收穫』這種壞習慣？」我跑步時在腦海裡聽到這樣子的對話，是司空見慣的事情。我經常勉力跑完全程，每次都會替自己感到高興，但是在這個特別的早上，在跑最後四分之一路程時，我忽然有了一種全新的體驗。

我的體驗如下：在生命當中，你必定有些地方會毫無保留的要求自己。我敢打賭說，你必定在某些事情上面，一直堅持不懈、絲毫不放鬆，會靠著意志力來壓倒所有讓自己分心、那些負面的「小聲音」。對你而言，或許是健身運動。也許是維持整個家庭環境的乾淨與整潔。也有可能是日以繼夜不斷地努力工作。對有些人來說則是教養自己的小孩。甚至是磨練自己的高爾夫球技也算。至於你是在哪方面一直努力不懈，這我就不清楚了。

但是我很清楚的知道：你絕對有能力可以壓制腦海中讓自己分心、害自己無法貫徹始終的那些負面的對話。如果你在某方面能做得到這件事情，那麼你在其他領域中同樣也可以發揮出來。

我有一個滑雪健將的好朋友。他非常投入運動健身，而且他的體格非常健美。在滑雪和完美的體格方面，他簡直是對自己做出了高標準、不合理的要求。但是他個人的財務方面卻是一塌糊塗。他經常瀕臨破產，常常因為沒有錢而愁眉苦臉，而且對自己財務的未來充滿了緊張與不安。

當我跟他提到這件事情的時候，他說：「我非常熱愛滑雪和健身，但是財務對我來說是一種痛苦，我就是沒有辦法培養出任何紀律來。」

我問他：「請問當你在八千英呎高的山頂上跑步時，是不是一樣感覺到非常的痛苦？你的肺部好像要炸開來似的，你的雙腿重得像鉛塊一樣，而且你的心臟幾乎要從胸口蹦出來？」

他回答說：「哦……是的！」

因此我問他：「那你為什麼還要這麼做？」

「因為這麼做對我有幫助，而且每次完成時我都會覺得暢快無比！」

他忽然開始覺醒了。他很早就說服自己說錢和爬山是兩回事情。他不斷地避免面對自己缺乏財務智商的問題，並且藉著自己完美的體態外表來武裝自己的自信心。他一直都是這麼想的：「我或許沒有什麼錢，但至少我的體格比很多人都來得好！」因此我問他：「為什麼不兩者兼得？」

我告訴他說，如果他拿自己鍛鍊身體一半的認真態度、嚴格紀律、以及「小聲音」管理的能力，並運用到自己目前和未來的財務狀況上，他絕對會過得非常富有。

今天我的朋友在北內華達州買下了好幾處即將被開發的土地，而且不但已經累積了為數不少、令人驚羨的不動產，同時還從這些投資當中獲得了豐厚的現金流，足以照顧自己和家人許多年的生活所需。

他到底做了什麼事？

◆他先找出自己生命當中某個一直堅持不懈的領域。

◆他將這個領域中的一些習慣、注意力、和認真程度等，轉移到自己人生其他需要改善的領域之中。

◆對於自己過去忽略的領域，他不再對自己說：「這是不重要的」的謊話。

◆利用驅使著他攻頂的「小聲音」管理技巧，鞭策自己邁向財務上的富足。

你今天一樣也可以做得到！

活出你本來就知道是一位卓越、勇敢、並且聰明，那個內心中真正的自己。

以上這些就是我稱之為「小聲音」管理技巧的工具。儘可能每天加以運用。一而再、再而三不斷地重複練習，直到它們變成一種本能的反應。我向你保證，任何會在你生命當中發生的事情，必定可以運用其中一個，甚至數個技巧，讓你在三十秒之內完全扭轉自己的心態。

別忘了，當兩個人產生互動時，能量比較高的那一方必定會贏。世界上最難推銷成交的，就是自己腦海中的「小聲音」。而且，根本沒有所謂「銷售失敗」這回事。所以只剩下一個問題：自己內心當中，到底是誰會成交——你，還是自己的「小聲音一向擁有選擇的權利。而你現在更是擁有絕佳的工具了。

請你選擇邁向成功。

第十一章
最後一則故事：駕馭「小聲音」的力量

「小聲音」管理最具份量的問題

很明顯地，「小聲音」管理若是未曾讓我的生命產生巨大改變，那麼我大概也不會著手寫這本書了。因為它的確做到了。我也認為它在別人身上起了相當的作用。我可以老實地告訴你，「小聲音」管理技巧不但賜給我一個卓越的人生，甚至讓我藉此拯救了自己。

最近，我跟良師益友－亞倫．華特進行了一次輔導，從這場輔導中，我有幸得以回顧自己生命中的幾次重要轉捩點。在我跟亞倫進行這次輔導前，我始終無法理解這幾次的轉捩點，究竟對我的人生造成了多大影響？好比這次的輔導一開始，我就因為自己的事業缺乏公共關係和知名度而充滿挫折，感覺就好似在刻意躲避媒體的注意一般。亞倫開始質問我一些非常尖銳的問題，並且要求我重新回憶過去的一些經歷。

正是因為多年前曾經體驗破產時的錐心之痛，讓我以為這正是我之所以避開公眾媒體的原因。我一直認為除非能夠再次證明自己「夠資格」，否則我無論如何都不能讓公司公開上市。慚愧和羞恥不斷地阻撓著我……。

但是，亞倫就像一位睿智的魔法師，他跟我說：「我感到這並非真正阻礙你的理由。在此之前，在你身上是否曾經發生其他事情？」

這時，我不由自主地想起一九八四年的某個週五黃昏，那時的我正在加州拉蒙拿（Ramona），進行某個為期三天半的課程，而我當時正好站在台上講解其中的一堂課。那時的我還只是一位實習講師，剛剛開始學習如何成為一位講師。那時，我的老師把教室交給我，讓我得以領導學員們進行一次模擬從商創業的遊戲，而對於教導這個遊戲，我也早就練習了不下數百遍。

就在模擬遊戲結束後（那時候我認為自己教得實在是太棒了），我被一位名叫山帝（Sandy）的傢伙批評得體無完膚。山帝當時正是南加州最成功的房地產大亨之一。他走上講台並且指責我這個講師根本不知所云。他打賭說，我這輩子恐怕連一百萬美元都沒見過，剛才的模擬遊戲根本愚蠢到極點，而我也一定是個白痴，才會教大家玩這種遊戲。

如果你非常害怕被人在公眾場合中羞辱，那麼請你在繼續往下看之前深吸一口氣，因為整個過程確實讓人非常痛苦。三間教室、一百二十多位學員開始利用這個機會反抗我。他們開始大聲叫罵、威脅甚至詛咒我……，而我則完全失去控制現場秩序的能力，他們甚至打算拿我來以儆效尤。

最要命的是：一切完全被山帝說中了。我根本不知道自己在講什麼。在那當下，我確實沒有成功地創業過，我確實是滿嘴財富但卻身無分文的人。我教大家怎麼培養親密關係，但自己卻連個女朋友都沒有。這是我有生以來最感到羞愧的一次經驗。

當我跟亞倫分享這段記憶後，他表示，這才是我目前問題癥結的所在。「沒錯，就是這個」他說。「自從那天起，你就一直避免引起別人的注意，一直在等待直到某一天認為自己『夠資格』」，這時你才願意重新接受別人的注目。」

緊接著，亞倫問了我一個這輩子所聽過，有關「小聲音」管理中最具威力的問題：「在你充滿痛苦和羞恥的當下，你究竟獲得了什麼能力？」

「獲得？」我帶著滿心的疑惑回問他。「我什麼都沒得到。我完全徹底地被人擊潰、踐踏、凌辱、夾著尾巴逃跑……那是我有生以來最痛苦的時刻。」

孰知非常平靜地，他再次重複這個問題：「你究竟獲得了什麼能力？」

緊接著，他不斷重複問我這個問題，而在過了好幾分鐘之後，真相忽然猶如晴天霹靂一般閃進我的腦海中。

我從一名「推銷員」轉變成為一位「老闆」。

藉著那次難堪的經驗，的確讓我清楚知道一件事，那就是我現在必須真正擁有一切。在那一瞬間，在這麼多人面前，我完全失去自己曾經擁有的風趣、魅力、說話技巧以及講場面話的能力，剩下的就是我自己……，這是我這輩子第一次面對真相，被迫看清自己到底是個什麼樣的人？自己到底成就過什麼？又或者尚未成就哪些事情？我得完全地、徹底地擔當起自己以往的人生。

這的確是個非常令人痛苦、難忘的經驗。但是在百分之百擔起責任的當下，我的心境接著轉變成為一位老闆。

就像是出現無數個「喔！」一般的答案和領悟，我往後的精采人生就此展開。我現在可以清楚看到過去那些非常難熬並且充滿痛苦的時光，而這些也都是我重獲嶄新能力的時刻。每一次的考驗就好比是非常嚴酷的炙熱和壓力，再再讓我自己轉變成一顆鑽石。

我也開始逐漸想起，在自己成立交通運輸公司的草創時期，公司曾經好幾次面臨停業的窘境。當時，我的「小聲音」一直不斷要我放棄，希望我乾脆半途而廢。但每次就在這些困境與混亂中，我們這群臭皮匠的團隊就會不可思議地絕處逢生、找出辦法，讓我們得以接二連三地不斷創造奇蹟，終讓公司起死回生。我從中理解到在那次的事件中，我經歷了人生第二次的轉變。

我從一位「老闆」轉變成了一名「領袖」。

我們的成功故事風靡一時。但是才不過幾年的光景，當我把公司移交給新的金主後，他就把公司完全掏空，我們原來的供應廠商請款無門，因此，我被迫要將這家公司申請破產。我至今還清晰記得當我走進洛杉磯法院的那一天，眼看著法官親自在文件上蓋上大印，然後把我的公司資料放到當天申請破產文件的那一疊案件中的最上層……。

我緩步離開法院，內心比過去任何時候都要來得更加沮喪、慚愧、羞恥以及憤怒。我走過幾條馬路，來到聖莫尼卡（Santa Monica）的碼頭，步履蹣跚地走到碼頭的最底端。我當時心中的「小聲音」聽起來很不妙。老實跟你說……我當時確實有考慮乾脆跳下去一了百了。我徹底地毀了自己。我早已身敗名裂……。

接著，我留意到一些事情。海鷗們繼續叫囂，太陽仍然照耀大地，沙灘上到處都有衝浪的年輕人和小孩在玩耍，而棕櫚樹的葉子更是隨風輕輕搖曳。這個世界繼續不斷地向前邁進。這個世界根本不關心我心裡到底在想什麼？我逐漸開始和自己的「小聲音」拉扯，我這時向後退一步，離開碼頭的邊緣，然後靜靜地站在那裡，同時進入了人生的另一次轉變。

我的淚水不斷流下，我發誓這輩子會盡一切的力量不讓任何人落到這步田地。我將竭盡所能地來確保任何創業家、老闆或者個人，人人都不需要因為生意失敗而滿懷挫折地看著槍管上的槍口。只要我一息尚存，我將徹底奉獻自己來教導、鼓勵並且啟發那些想要嚐到勝利果實的人們，並且協助他們瞭解自己內心的確擁有一個難以置信的贏家。我要協助他們培育出一個永遠不會被磨滅的精神——憑著這股精神，搭配合適的工具、眼光和「小聲音」管理技巧，我相信等待著你的，必定是最終的勝利。

那一天，我從一名「領袖」轉變成了一個「老師」。

在這次事件發生後的許多年，我真是三生有幸，我獲得了許多巨大的成功、優秀的朋友、卓越的事業夥伴以及美滿的家庭。我在此終於可以自豪地說：「我的團隊一樣優秀，不遑多讓。」當我驀然回首從前，我完全折服於亞倫曾經說過的一番話——在你的人生面臨所有痛苦的轉捩點之際，你必定能夠獲得某種事物。這時你就會更接近自己天生註定要成為的那個人。唯有抗拒自己本命註定要發生的轉變，這才是所有痛苦的根源。

我堅信在你的內心裡，確實存在著一位天才和一位英雄。我相信這一路上你所遇到的任何事情，或許會成為你「追求最優秀的自己」的一些障礙；但是，你只要接受「小聲音」存在的事實，並且善加運用「小聲音」的管理技巧，你就能排除一切障礙，然後再次地讓自己的高亢精神得以展翅翺翔。

你絕對擁有這樣的力量與能力，而現在的你，也確實擁有這些最傑出的工具和技巧。因此，就請你務必打贏這場發生在你自己腦海中的戰爭，確實把握自己卓越的人生吧！

活出自己！

作者介紹

布萊爾．辛格

他所傳達的訊息很清楚。想要在商場中獲得財富與成功，你必須要擁有銷售的本事，以及教導別人如何從事銷售的能力。其次，想要打造一個成功的事業，你必須知道如何打造一支會排除萬難、百戰百勝的團隊。布萊爾．辛格藉著分享、應用這些關鍵因素，幫助全球許多公司和個人，成功地增加營收。

如果組織的領導擁有銷售能力，並能將榮辱與共、擔當責任及團隊精神融入企業文化之中，營收肯定突飛猛進；若反之，創業往往就只會以失敗收場。布萊爾輔導過成千上萬的個人與組織團體，並讓他們體驗前所未有的成長、高投資報酬率以及追求財務上的自由。

布萊爾是努力促進個人與公司學習與成長的講師、培訓師以及充滿活力的公眾演說家。他所採用的方式充滿能量、立即性及豐富的啟發性；他擁有一種特殊的能力，藉著具備高度衝擊性的手腕，讓一大群人和組織迅速修正過去的行為，並在極短的期間內再創績效的巔峰。布萊爾也是「富爸爸」顧問叢書系列當中，《富爸爸銷售狗

——培訓No.1 的銷售專家》的作者；他一手建立並經營一家國際培訓公司，提供改變生命的各種成功策略，成功幫助許多人打造黃金團隊來增加營收。從一九八七年開始，他就持續地與個人和組織們，包括：財星前五百大公司、業務員、直銷人員以及中小企業老闆等合作，協助他們在業務、績效、生產力和現金流等方面，獲得巨大的成功與回饋。

布萊爾曾經是優利士公司頂尖的業務人員，之後也成為軟體、自動會計系統的頂尖業務人員，同時並著手創業，擁有一家航空貨運運輸公司以及培訓公司。過去三十年來，由他所舉辦的數千場公開或私人的課程，與課人數從三百到一萬人次都有。再者，因為行業的不同，由他所輔導的客戶們，通常在幾個月之內，於業務以及收入上都能獲得百分之三十四到百分之二百六十以上的成長。他的事業足跡遍佈五大洲二十多個國家，就海外市場而言，他的工作比較集中於新加坡、香港、東南亞、澳洲以及整個泛太平洋地區。

參考資料

書中曾提及的書籍：

R・巴克敏斯特・富勒（Bucky Fuller）：*Critical Path, Intuition, Synergetics and On Education*

林・葛巴宏（Lynn Grabhorn）：*Excuse Me, Your Life is Waiting*

馬汀・塞利格曼（Martin Seligman）：《學習樂觀・樂觀學習》（*Learned Optimism*）

安東尼・羅賓（Anthony Robbins）：《無限潛能》（*Unlimited Power: A Black Choice*）

羅伯特・清崎（Robert Kiyosaki）：《富爸爸，窮爸爸》（*Rich Dad Poor Dad*）

勞倫斯・韋斯特（Lawrence West）：*Understanding Life*

布萊爾・辛格（Blair Singer）：《富爸爸銷售狗》（*Salesdogs*）、《富爸爸教你逆勢創業》（*The ABC of Building a Business Team that Wins*）

www.SalesDogs.com, www.LittleVoiceMastery.com, www.BlairSinger.com

書中曾提及的導師和教練：

珍・強生（Jayne Johnson）：www.TheClearingSight.com

羅伯特・清崎（Robert Kiyosaki）：www.Richdad.com

亞倫・萊特(Allen Wright)：www.Knowledgism.com

金・懷特（Kim White）：www.KimWhite.org

可惜的是，許多世界頂級的導師和教練，都選擇要維持匿名的狀態。他們以改變他人生命為職志，並且完全地奉獻自己，但是不希望成為眾人的焦點。他們的天賦與才華是無價的。請自行尋找你的人生導師和教練，讓他們協助你成為最傑出的自己。

現在……

看看你學習駕馭「小聲音」的能力如何？

趕快造訪：

www.blairsinger.com/little-voice-mastery/free-diagnostic/

或

www.blairsinger.com 在 Little Voice Mastery 找到Free Diagnostic

並將新的結果，拿來和一開始閱讀本書時

所做的測驗結果相比。

我相信你一定很滿意於自己的成長。

活出最棒的自己！

布萊爾・辛格

終極領導者實戰營
Legendary Leadership Boot Camp
國際認證培訓
橫跨全球40多國證實有效！
教你帶出100%超能團隊
現場同步
中文口譯
全球首席商業教練
布萊爾・辛格
床的世界
俊傑 總經理
米蘭時尚髮型連鎖
許漢宗 總裁
信實地產
林于甄 董事長
苓業國際教育學院
黃鵬峻 創辦人
南山人壽
沈剛 總監
慶揚法律事務所
張以彤 主持律師
棋勝汽車
許嘉濬 總經理
富爸爸羅伯特·清崎、有錢人想的和你不一樣作者 哈福·艾克、台灣及亞洲企業界菁英
名人聯合強力推薦
全球財星五百大企業一致推崇】
Century 21
Deutsche Bank
DUNKIN' DONUTS
ups
SINGAPORE AIRLINES
HSBC
L'ORÉAL PARIS
SIEMENS
dunkin' brands
您對在6-8週營收
成長20-80%有興趣嗎?
安德烈·阿格西▸
世界網球名將
羅伯特·清崎/富爸爸窮爸爸▸
投資者·金融教育倡導和暢銷書作家
馬克·維克特·韓森/心靈雞湯▸
紐約時報暢銷書作家
哈福·艾克/有錢人想的和你不一樣▸
紐約時報暢銷書作家

終極精英商學院 突破課程

創業家/企業主/主管

Elite Break-Through Seminar

課程費用NT$79,800｜不含食宿

公司業績忽高忽低、持平難以突破或是留不住人才，這是公司未建立高價值文化的後遺症。
在策略面，我們提供世界最頂尖的行銷、銷售面的領導智慧

- 定位 Establish Position
- 系統 System
- 複製 Duplicate
- 行銷策略 Marketing Strategy
- 團隊運作 Teamwork
- 領導 Lead
- 銷售 Sales
- 時間管理 Time Management
- 價值觀 Value
- 建立文化 Establish Company's Culture

這麼多年不斷處理人的問題煩不煩？有產能嗎？經營者真正要做的關鍵點是什麼呢？

老闆哲學（一）
您了解冷水煮青蛙的哲理嗎？環境（溫度）在改變，而牠悠遊自在，一但感覺到痛（燙）就來不及了！

老闆哲學（二）
您可以用一堆不需要進修改變的理由催眠自己但外在的環境會等您嗎？

陳俊傑 床的世界 總經理 »

我上過這麼多老師的課，這三天課程下來，有很多話要感謝老師，這堂課給我太豐富太豐富的東西，讓我知道如何帶領一個團隊、一個組織、一個企業，是這麼簡單卻又這麼不簡單的事情，還沒上課之前我一直以爲只是三萬多塊的課程，但上完之後發現有三百萬的價值，有機會大家一定要來上這堂課，價值眞的超越你的想像，黃老師帶給我們太多靈魂，如果想把事業做到第一，就一定要來參加終極精英商學院!

陳冠霖 龍豪食品 總經理 »

因爲黃老師的故事「反正死不了!」和「做了有做的體驗，沒做有沒做的經驗」讓我變得更勇敢去嘗試很多新的挑戰，以前只是一直空喊口號，現在的我決心突破舒適圈，不做輕鬆的事而做困難的事。在疫情最嚴峻的時期，我們仍成功的把產品外銷到六個國家!在三個月內創造7000萬元的業績，去年一整年達到1.3億元的業績!透過「堅持X學習X行動」三大方程式改變命運、提升公司能量、帶領夥伴成長!

陳維祥 益祥金屬工業 總經理 »

曾經我負債2000萬元，現在成功扭轉逆境，創造倍數成長的業績，每月業績900萬元!以前抱持著「你來上班，我付給你薪水」的領導方式，因爲不懂溝通，所以遭遇瓶頸時公司損失重大。透過學習，我看見了自己的盲點，並與老婆攜手持續向前衝，承諾帶領公司走向百年企業，幫助夥伴成長豐盛富足。我非常感激苓業平台給予我學習的機會!這讓我的事業與家庭同時擁有、創造好的環境、有系統的架構、複製好的團隊、使我事業在這幾年翻倍成長。

苓業國際教育學院
LING YE INTERNATIONAL EDUCATION ACADEMY
www.lingyetraining.com

用善知識讓全世界豐盛富足
全亞洲第一家榮獲(非學校類)
ISO29990品質管理系統認證

一起找尋我們的學習旅程！
#一切從想要變得更好開始
#用善知識讓全世界豐盛富足

國家圖書館出版品預行編目資料

管好自己的小聲音 / 布萊爾 ‧ 辛格（Blair Singer）著；王立天譯
一初版一臺北市：零業開發出版：日月文化發行，2014.06
288 面；16.7×23 公分 . --（視野；49）
譯自：Little Voice Mastery: How to Win the War Between Your Ears in 30 Seconds or Less and Have an Extraordinary Life, 2nd ed.

ISBN 978-986-90612-0-9（平裝）
1. 自我實現 2. 生活指導 3. 成功法

177.2 103007232

管好自己的小聲音

Little Voice Mastery: How to Win the War Between Your Ears in 30 Seconds or Less and Have an Extraordinary Life

作　　者：布萊爾 ‧ 辛格（Blair Singer）
譯　　者：王立天

責任編輯：尹文琦
封面設計：黃啟銘
內頁排版：健呈電腦排版股份有限公司
寶鼎行銷顧問：劉邦寧

出　　版：零業國際開發有限公司
地　　址：新北市汐止區新台五路一段 93 號 17 樓之 9
電　　話：(02) 2378-0098
網　　址：www.lingye.com.tw

發 行 人：洪祺祥
副總經理：洪偉傑
副總編輯：王彥萍
法律顧問：建大法律事務所
財務顧問：高威會計師事務所
出　　版：日月文化出版股份有限公司
製　　作：寶鼎出版
地　　址：台北市信義路三段 151 號 8 樓
電　　話：(02)2708-5509 / 傳　　真：(02)2708-6157
客服信箱：service@heliopolis.com.tw
網　　址：www.heliopolis.com.tw
郵撥帳號：19716071 日月文化出版股份有限公司

總 經 銷：聯合發行股份有限公司
電　　話：(02)2917-8022 / 傳　　真：(02)2915-7212
製版印刷：軒承彩色印刷製版股份有限公司
初版一刷：2014 年 6 月
初版十四刷：2023 年 10 月
定　　價：340 元
I S B N：978-986-90612-0-9